Gerhard und Frank Marcuse

Giftige und gefährliche Tiere der Meere

Giftige und gefährliche Tiere der Meere

Gerhard und Frank Marcuse

Landbuch

Fotos:

P. Chlupaty, S. 93 unten, S. 115, S. 132, S. 136, S. 141 oben und unten, S. 161 oben, S. 165 oben.

W. Frei, S. 77 unten, S. 81 unten, S. 135

Titelbild und alle übrigen von den Verfassern

Landbuch-Verlag GmbH, Hannover 1981

Fotosatz: K.-K. Wäsch KG, Hannover
Farblithos: Repro-Color Ammersbek GmbH, Ammersbek
Druck: Landbuch-Verlag GmbH, Hannover
Buchbinderische Verarbeitung:
Landbuch-Verlag GmbH, Hannover,
Buchbinderei S. R. Büge, Celle/Westercelle

ISBN 3 7842 0251 9

Vorwort

Dieses Werk mit den kurzen und informativen Texten sowie den ergänzenden Abbildungen soll in leichtverständlicher Form allen Sporttauchern, Aquarianern, Strandsammlern und Schnorchlern einen Überblick über die giftigen Tiere in den Meeren vermitteln und allen ein zuverlässiger Ratgeber sein. Es ist sicher zweckmäßig, dieses Buch zum ständigen Begleiter im Urlaub zu machen.

Herzlichst danken wir unserem Freund W. Schröder, Direktor des Berliner Aquariums, und seinen Mitarbeitern W. Müller und G. Bohn, die uns beim Fotografieren der Meerestiere und vor allem beim Bestimmen der Tiere sehr geholfen haben. Es traten oft Fragen auf, zu denen in langen Gesprächen stets Antworten gefunden werden konnten.

Unser besonderer Dank gilt Herrn Prof. Dr. Th. A. Freyvogel vom Schweiz. Tropeninstitut Basel für Literaturhinweise und wertvolle Kritik. Herrn Werner Frei, Zürich, danken wir herzlichst für herrliche Unterwasseraufnahmen vom Großen Barriereriff, die er uns zur Verfügung stellte. Herrn Dr. F. Terofal, Zoologische Staatssammlung München, danken wir für die Unterstützung bei der Beschaffung von Literatur.

Dank sagen wir auch Herrn Peter Chlupaty, München, er ist einer der bekanntesten und anerkanntesten Seewasseraquarianer. Aus seiner reichen Erfahrung gab er uns viele wertvolle Hinweise über Pflege und Haltung tropischer Meerestiere im Aquarium.

Herzlichen Dank möchten wir unserer Frau und Mutter Erika aussprechen für die Geduld während unserer gemeinsamen Arbeit.

Unser Dank gilt aber auch dem Verlag und seinen Mitarbeitern, durch deren Unterstützung dieses Buch möglich wurde.

Gerhard und Frank Marcuse

München, im Frühjahr 1981

Einleitung

Hunderttausende machen in unserer hektischen Zeit in wenigen Tagen ausgedehnte Reisen und nehmen somit oft große Strapazen auf sich, nur um recht viele fremde Eindrücke mit nach Hause zu bringen und dann recht lange von diesen Erinnerungen zehren zu können. Einen großen Teil dieser Urlauber finden wir an und in den Gewässern unseres Kontinents. Das ist aber nichts Neues, denn schon seit Jahrtausenden interessiert sich der Mensch für die Unterwasserwelt mit ihren bizarren Gärten und den vielen seltsamen Lebewesen.

Den Pionieren des Tauchsports, der Unterwasserfotografie und Erforschung der Meere wie H. Hass, J. V. Cousteau, Gagnan, Rebikoff, Broussard, Keller und vielen anderen haben wir es zu verdanken, daß der Tauchsport bei uns so populär geworden ist.

Um dem geheimnisvollen Zauber der Formen und Farben zu erliegen, genügt oft bloß ein Blick unter die Wasseroberfläche, und wir sind von der unbekannten Welt dort fasziniert. Dafür genügt schon eine Ausrüstung mit Tauchmaske und Schnorchel. Wer aber in größere Tiefen blicken will, benötigt eine Spezialausrüstung mit Preßluftflaschen, Tiefenmesser, Tauchlampe usw. Bei längeren Streifzügen unter Wasser ist ein Tauchanzug erforderlich, der die Unterkühlung des Körpers verhindert. Hans Hass sagte einmal: „Für den Taucher ist die Kälte gefährlicher als die Haifische."

Für einen Teil der Sporttaucher ist die Harpune das wichtigste Instrument, denn mit einer Drucklufharpune und neuerdings mit einer Sprengkopfharpune kann man auch größte Fische ohne Mühe erlegen. Das ist die eine Art von Sporttauchern, oder nennen wir diese besser Unterwasserjäger, denn sie machen Jagd auf alles, was sich in dieser dreidimensionalen Welt bewegt. Später berichten sie dann von ihren Abenteuern und übertreiben dabei meistens etwas.

An jedem Strand, sei es an der Adria, dem Mittelmeer oder Indischen Ozean, können wir Strandsammler beobachten. Sie gehen, den Blick zu Boden gerichtet, den Strand langsam auf und ab und bücken sich nach Muscheln, Steinen, angeschwemmten Pflanzen und Tieren. Später werden diese selbstgesammelten Andenken dann zu Hause in ihre oft riesigen Sammlungen eingeordnet. Es ist hier wohl überflüssig zu sagen, daß solche Sammlungen oft einen bedeutenden Wert darstellen, sofern sie gut geordnet und richtig präpariert sind. Immer wieder sollte man an die Sammler appellieren, nur soviel Material zu sammeln, wie man unbeschädigt nach Hause bringen kann. Für verantwortungsbewußte Sammler ist dieser Hinweis selbstverständlich überflüssig.

Das Sammeln und Jagen liegt uns sicher von unseren Vorfahren im Blut, denn sie waren ja fast alle Jäger. Und gerade bei den Stadtmenschen ist der Sammeltrieb wohl besonders stark ausgeprägt.
Uns sind Taucher am sympathischsten, die mit der Kamera in die märchenhafte feuchte Welt eindringen, um uns dann Bilder oder Filme von nie geahnter Vielfältigkeit zu bringen. Wir meinen auch, daß die Jagd mit der Kamera mindestens ebenso viel Mut erfordert wie die Jagd mit der Harpune. Wer aber den herrlichen Tauchsport ernsthaft betreiben will, muß unbedingt eine gründliche Ausbildung in einer der vielen Tauchschulen absolvieren.
Wir wollen hier nicht die vielen Aquarianer vergessen, die mit Schnorchel, Brille, Netz und Plastikbeutel Bewohner aus dem nassen Element in ihre Aquarien und damit in ihr Heim holen. Sie haben dem Ichthyologen oft mit ihren Beobachtungen und gelungenen Zuchten viele wertvolle Hinweise für die Wissenschaft geliefert.

Es sollen in diesem Buch keine Richtlinien für den Tauchsport oder die Unterwasserjagd gegeben werden, auch über Unterwasserfotografie liegen viele gute Bücher von erfahreneren Autoren und Kennern des Tauchsportes vor. Wir erheben keinerlei Anspruch auf Vollständigkeit des hier besprochenen Themas, denn dazu ist das Gebiet der tierischen Gifte zu groß und zum Teil noch nicht genug erforscht. Es ist aber für all jene als Hilfe und Ratgeber gedacht, die sich mit den Tieren des nassen Elementes befassen oder befassen wollen. Dieses Buch soll den Naturfreund in leichtverständlicher Weise auf die Gefahren in und am Meer hinweisen. Außer den Haien gibt es im Meer noch eine große Anzahl von Tieren, die uns gefährlich werden können. Wer sich noch eingehender mit ihnen befassen will, dem stehen Bibliotheken mit guter Fachliteratur zur Verfügung. Besonders erwähnen möchten wir die zwei Bände von B. W. Halstead "Poisonous and venomous marine animals of the world". Wie dieses erstklassige Werk ist die Fachliteratur auf diesem Gebiet fast nur englischsprachig.

Die Zahl der Sporttaucher nimmt laufend zu. Bedauerlicherweise nehmen aber viele dieses Hobby auf die leichte Schulter, ohne an die mit dem herrlichen Sport verbundenen Gefahren zu denken. Unsere Aufgabe soll es sein, auf die Gefahren hinzuweisen, die durch Stiche, Berührung oder Bisse giftiger Lebewesen des salzigen Wassers entstehen können und oft schwere Schäden und nicht selten den Tod zur Folge haben. Der Aquarianer kann ebenfalls durch Stich oder Biß der von ihm gehaltenen Tiere aus Unkenntnis Schaden an seiner Gesundheit nehmen. Nur wenige wissen, daß außer den Giftschlangen die Quallen, Blumentiere und eine große Anzahl von Fischen giftig sind.

Unter den Wirbeltieren bilden die Fische *(Pisces)* mit ca. 25 000 Arten eine riesige Gruppe. Davon sind mehr als 500 Arten passiv giftig und ca. 250 Spezies aktiv giftig. Diese Zahlen zeigen uns, wie groß der Bereich tierischer Gifte und somit die Gefahr einer Vergiftung ist. Die Natur ist großzügig mit der Verteilung der tödlich wirkenden Gifte bei den Meeresbewohnern. Aber nicht nur die Fische zählen zu den giftigen Tieren des Meeres, sondern unter dem Plankton gibt es bereits einige Arten, die stark giftig sind, z. B. *Gymnodinium breve.* Dieser Einzeller tritt sehr häufig im Golf von Mexiko auf und zwar in so großen Mengen, daß man meint, das Wasser wäre rot. Die Erscheinung ist allgemein unter dem Namen „rote Tide" bekannt. Das Gift dieser Art ist für den Tod von Tausenden von Fischen verantwortlich und bildet auch eine gewisse Gefahr für den Menschen.

Viele Menschen erkranken nach dem Genuß von Muscheln, die durch das Gift einer anderen Dinoflagellaten-Art (Panzergeißler aus dem Unterreich Einzeller), nämlich *Gymnoaulax tamarensis,* verseucht waren.

Wir werden im folgenden sehen, daß man beim Baden, Tauchen und Sammeln am Strand nicht vorsichtig genug sein kann. Auf keinen Fall wollen wir die Gefahren übertreiben, denn das Gift ist nicht vorhanden, um den Menschen Schaden zuzufügen, sondern es dient dem Tier zum Bewältigen der Beute oder zum Schutz gegenüber den Feinden.

Unter Gift verstehen wir allgemein einen Stoff, der unsere Gesundheit schädigen kann, ja sogar unser Leben zu zerstören vermag. Die Giftwirkung ist recht unterschiedlich, denn empfangene Giftmenge und Empfindlichkeit des Opfers spielen dabei eine große Rolle. Viele der tierischen Gifte werden zur Herstellung von Heilmitteln verwendet. Wie sagt doch schon PARACELSUS: „Alle Dinge sind Gift und nichts ist ohne Gift. Allein die Dosis macht's, daß ein Ding kein Gift ist."

Um die Gefahr zu erkennen, die uns von seiten der giftigen Tiere droht, muß man darüber unterrichtet sein, welche Eigenschaften ihre Gifte haben und welche Maßnahmen man im Falle einer Vergiftung treffen muß. Um bei Stich- oder Bißwunden eine Infektion zu vermeiden, kann man Penicillin spritzen. Da dies aber nicht direkt auf das Toxin einwirkt, gibt der Arzt meist eine intravenöse Injektion mit Corticoiden; die Behandlung kann anschließend mit Tabletten fortgesetzt werden. Bei Hautverletzungen durch Nesseltiere hilft in den meisten Fällen eine mehrmalige Einreibung der entzündeten Hautstellen mit einer Corticoid-Salbe. Sollten Sie das Pech haben, einmal verletzt zu werden, und die Symptome einer Vergiftung erscheinen noch recht harmlos, können wir nur raten, so schnell es geht einen einheimischen Arzt aufzusuchen, denn er hat die besten Erfahrungen mit den in der betreffenden Gegend vorkommenden Vergiftungen.

Sie werden wiederholt feststellen, daß wir von zwei Gruppen von Gifttieren sprechen. Und zwar handelt es sich einmal um Tiere, die mit Stechwerkzeugen ausgerüstet sind, die mit Giftdrüsen in Verbindung stehen. Mit diesen Stechwerkzeugen wird das Gift in den Körper des Opfers übertragen. Es sind also aktiv giftige Tiere. Bei der zweiten Gruppe fehlen den Tieren besondere Giftwerkzeuge. Die Giftwirkung tritt erst nach dem Verzehren des Fleisches ein. Dann nennt man sie passiv giftige Tiere.

Es erscheint uns wichtig, diesen Unterschied gleich am Anfang kurz zu erwähnen, denn bei der Aufzählung der giftigen Tiere machen wir keinen Unterschied zwischen aktiver und passiver Giftigkeit. Wir haben uns bemüht, die Tiere möglichst nach der zoologischen Systematik zu beschreiben. Da viele Sporttaucher die Unterwasserjagd betreiben und ihre erlegte Beute am Lagerfeuer selbst zubereiten und natürlich auch verspeisen, ist es wichtig, auch die passiv giftigen Tiere zu erwähnen. Es ist aber gar nicht einfach zu sagen, ob dieser oder jener Fisch Giftstoffe in seinem Körper hat, denn viele Arten sind nur zu bestimmten Zeiten, andere lediglich in einigen Gegenden giftig. Wie wir im weiteren sehen werden, ist das Krankheitsbild bei diesen Vergiftungen recht unterschiedlich.

Ferner werden wir einige Tiere nur kurz streifen, weil wir beim Tauchen, Baden oder Sammeln am Strand fast nie mit ihnen in Berührung kommen, sie aber vielleicht in den großen Schauaquarien beobachten können. Es handelt sich immer um Tiere, die im Meer leben und aktiv oder passiv giftig sind.

Giftige und gefährliche Tierarten

Schwämme *Porifera*

Die Schwämme mit etwa 5 000 Arten sind überwiegend Bewohner der Meere, nur einige Arten leben im Süßwasser. Sie verkörpern eines der ältesten Tiergeschlechter.

Groß ist der Formen- und Farbenreichtum der Arten, die warme Meere bewohnen. Einige ähneln kleinen Bäumen, andere sehen wie Vasen, Pilze, Fächer oder wie unförmige Felsbrocken aus. Es gibt winzige Gebilde von wenigen Zentimetern und andere sehen aus wie kleine Gebirge. Viele Schwämme sind gelb, rot, violett, schwarzbraun, blau und weiß. Wir können daran sehen, daß es sich lohnt, diese Tiere zu beachten. Fast alle sitzen unbeweglich an einem Ort fest, denn es fehlt ihnen nicht nur jedes Muskelgewebe, sondern auch jedes Sinnesorgan und Nervensystem.

Es handelt sich um eine Gruppe pflanzenähnlicher Vielzeller, deren Zugehörigkeit zu den Tieren erst im 18. Jahrhundert nachgewiesen wurde. Daß die Schwämme Tiere und keine Pflanzen sind, stellte man zuerst am Geruch fest. Ein Badeschwamm *Euspongia officinalis,* wie wir ihn sicher schon alle gesehen haben, roch beim Verbrennen nicht wie Holz oder Baumwolle, sondern wie Horn und Wolle. Und somit konnte ihre Zugehörigkeit zum Tierreich durch Untersuchungen ihres Baues und ihrer Entwicklung festgestellt werden. Der bekannte Zoologe ERNST HAECKEL schrieb ein umfangreiches Werk über die Schwammfamilien.

Wie das Geflecht feinster Filigranarbeit und oft von höchster Symmetrie, also wunderbar geformt, sind die in mehreren tausend Meter Tiefe vorkommenden Kieselschwämme. Einige Kieselschwämme gelten als giftig. Durch die spitzen Skelettnadeln können Verletzungen entstehen und die Giftstoffe somit eine schädigende Wirkung entfalten.

Aus dem Preß-Saft des Korkschwammes *Suberites domuncula* konnte RICHET einen pharmakologisch wirksamen Stoff mit Alkohol ausfällen. Aus einigen Süßwasserschwämmen isolierte W. ARNDT Substanzen, die eine lähmende Wirkung haben. Sehr gering ist die Toxizität, und somit tritt keine nennenswerte Giftwirkung bei Berührung mit Schwämmen auf.

Den Feigenschwamm *Suberites ficus* und den Korkschwamm oder die Meerorange *Suberites domuncula* finden wir im Mittelmeer, im Atlantik und der Nordsee auf Steinen und schlammigen Sandböden. Sehr gerne sitzt ein Exemplar dieser Arten auf einem vom Einsiedlerkrebs bewohnten Schneckengehäuse und läßt sich von ihm umhertragen. Im Lauf der Zeit löst der Schwamm das vom Krebs bewohnte Schneckenhaus auf und wird dann selbst für den Krebs zu einem neuen Haus, das er nun nicht mehr wechseln muß, weil Krebs und Schwamm gemeinsam wachsen. Hier handelt es sich um eine Lebensgemeinschaft zu beiderseitigem Nutzen. Der Schwamm bietet dem Krebs Schutz vor seinen Feinden und er muß nicht mehr fest an einem Ort sitzen. Die Farbe dieses Schwammes ist Hellgelb bis Tieforange, und so sieht es aus, als spaziere eine Orange im Aquarium umher.

Der Geweihschwamm *Axinella damicornis* ist im Aquarium recht haltbar. Der etwas größere *A. verrucosa* ist teilweise von der gelben Krustenanemone *Parazoanthus axinellae* überzogen. Die Geweihschwämme gehören, wie der Badeschwamm *Euspongia officinalis,* zu den Hornschwämmen.

Im Aquarium können wir diverse Arten von Schwämmen halten, nur müssen wir immer für sauerstoffreiches Wasser sorgen. Von den oft herrlichen Farben mancher Schwämme sieht man leider nicht viel, weil sie am besten an den dunklen Stellen des Beckens gedeihen. Gefressen wird feinstes Plankton. Es muß stets ausreichend dafür gesorgt werden. Auf keinen Fall dürfen wir Schwämme zusammen mit Aktinien (Seerosen und Seeanemonen) pflegen. Das im Wasser befindliche Nesselgift und die abgestoßenen Nesselkapseln werden von den Schwämmen aufgenommen, und meist gehen sie daran ein. Es ist ratsam, Schwämme nicht mit der ungeschützten Hand zu berühren. Viele Arten geben bei der Berührung eine chemische Substanz ab, die sehr oft zu unerklärlichen Hauterkrankungen führt.

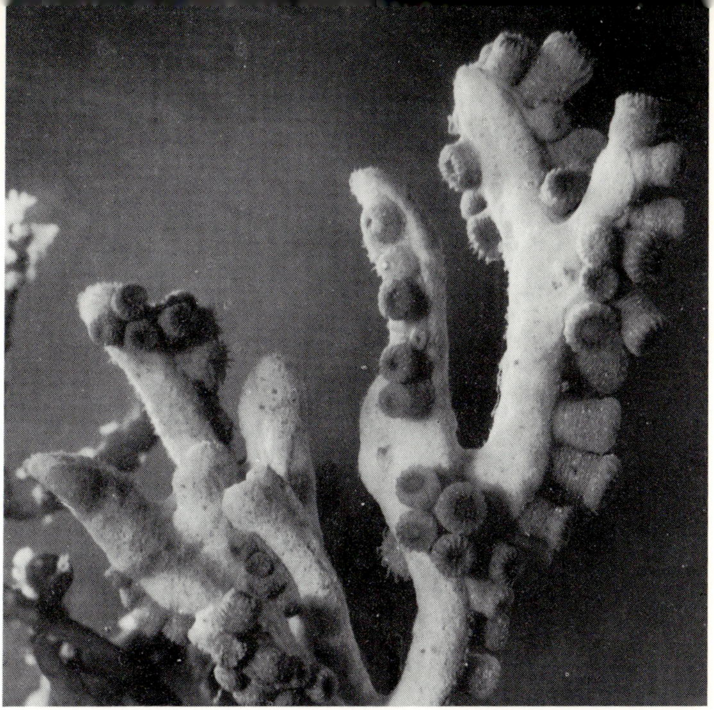

Axinella damicornis, mit *Parazoanthus axinellaie* bewachsen

In der Karibik finden wir den orangefarbenen und roten Feuer- oder Brennschwamm der Gattung *Tedania*. Die Berührung mit diesem Tier löst eine sehr stark nesselnde Wirkung aus. Bei empfindlicher Haut werden recht unangenehme allergische Reizungen hervorgerufen, die sich trotz Behandlung mit Corticoid-Salben über Monate hinziehen können.

Von altersher waren die Schwämme für den Menschen von Nutzen. Im Heilwesen waren sie bei der Behandlung fast unentbehrlich. Im Mittelalter dienten Schwämme bei Operationen, mit schmerzlindernden Mitteln beträufelt, als Narkoseträger. Wie aus vielen anderen Meerestieren und Algen gewinnt man aus Schwämmen antibiotische Substanzen zur Herstellung von Heilmitteln. Die Erforschung der marinen Toxine hat in den letzten Jahren wachsendes Interesse gefunden und beschäftigt im steigenden Maße Mediziner, Biologen, Chemiker und Zoologen.

Nesseltiere *Cnidaria*

Bei diesen primitiven Tieren finden wir Giftorgane in ausreichender Anzahl. Zu den Nesseltieren gehören die Polypen *Hydrozoa* mit ca. 2 700 Arten, die Quallen *Scyphozoa* mit gut 200 und die Blumentiere *Anthozoa* mit über 6 000 Arten. Kennzeichnend für den ganzen Stamm *Cnidaria* ist die Ausrüstung mit den verschiedenartigsten Nesselkapseln. Korallen besitzen relativ wenige Nesselzellen, Quallen und Blumentiere verfügen dagegen über zahllose giftige Fangfäden. Der Zoologe MÖBIUS schätzte die Anzahl an einem Fangarm der Roten Seerose auf etwa 4 Millionen Nesselkapseln und somit für alle Tentakel auf rund 500 Millionen.

Nesselkapseln, auch Cniden genannt, sind äußerst komplizierte Gebilde. Sie dienen diesen primitiven Tieren zum Beutefang und zum eignen Schutz. Es handelt sich um winzige, von einem Deckel geschlossene und giftgefüllte Kapseln mit einem darin aufgerollten Schlauch. Wir unterscheiden drei verschiedene Arten von Cniden. Die Volventen umschließen das Beutetier mit dem fadenartigen Schlauch fest, die Glutinanten halten die Beute mit einem klebrigen Faden fest, und die Penetranten sind mit Borsten und Stacheln besetzt.

Wird das Cnidocil, ein Fortsatz – auch Druckknopf genannt – bzw. eine von der Bildungszelle nach außen gestreckte Borste, berührt, so springt die Giftkapsel auf und schleudert den fadenartigen Schlauch heraus. Die Penetranten sind z. T. von solcher Durchschlagskraft, daß sie auch die menschliche Haut durchdringen können. Sie entleeren dabei das in der Kapsel befindliche Nesselgift. Es handelt sich hier um Lähmungsgifte, sog. Hypnotoxine. Die Cniden befinden sich an den Fangarmen oder Tentakeln der Nesseltiere, und oft finden wir alle drei genannten Arten kombiniert vor. Sämtliche Nesselkapseln sind nur für einmaligen Gebrauch und bilden sich nach jeder Entladung neu.

Diese zahlreichen Giftorgane sind nicht nur wirksame Waffen der Abwehr und des Angriffs, sondern dienen gleichfalls der Ernährung (ähnlich den Giftsekreten der Schlangen). Das Nesselgift fördert die Verdauung.

Astroides calycularis

Berühren wir beim Tauchen oder Baden mit dem ungeschützten Körper eine Meduse oder Seerose, spüren wir zunächst nur ein heftiges Brennen, ähnlich dem Brennen nach einer Berührung mit Brennesseln. So wird uns der Name Nesseltier leicht verständlich.

Feuerkorallen der Gattung *Millepora* finden wir als weitverzweigte Kolonien in den warmen Meeren. Wie die Steinkorallen *Madrepora* tragen sie zum Aufbau der Riffe bei. Den Namen Feuerkorallen haben sie wegen ihrer zahlreichen giftigen Nesselzellen erhalten. Die genesselten Hautpartien sind stark gerötet, es bilden sich Bläschen und wir spüren starke Schmerzen, oft entstehen auch eitrige Entzündungen. Glücklicherweise sind diese Polypen an ihrer leuchtendgelben Farbe gut zu erkennen, so daß der Taucher sie stets meiden kann.

In der Karibik finden wir die gelborange bis braune Feuerkoralle *Millepora alicornis.* Sie ist keine echte Koralle, sondern eine Angehörige der Hydrozoen. Es sind Hydroiden, ähneln den Steinkorallen, denn sie scheiden eine starke Kalkrinde aus. Südlich von Kuba treffen wir *Millepora complanata* an. Diese Art zeigt ein Kalkskelett, das den Polypenkörper umgibt. Im Indo-Pazifik kommen *Millepora dichotoma* und im Roten

Alcyonium palmatum

Meer *Millipora platyphyllus* vor. Sollten wir uns an den Feuerkorallen verletzen, behandeln wir die Verbrennungen, wie es am Ende dieses Kapitels Nesseltiere angegeben wird.

Leicht in der Dünung bewegen sich wie Federn im Wind in Kolonien die zarten und weltweit in den tropischen Meeren verbreiteten Arten *Lytocarpia philippinus* und *Aglaophenia cupressina.* Sie gehören zu den Hydroiden und besitzen sehr intensive Nesselkapseln. Bei Berührung können sie dem Taucher recht schmerzhafte Verbrennungen zufügen.

Etwa 15 mm hoch ist der glockenförmige Schirm mit vier einzelnen Randtentakeln von der Sarsia Meduse *Sarsia tubulosa.*

Die durchsichtigen, zarten Quallen gehören mit ihrer schillernden Farbigkeit zu den schönsten und geheimnisvollsten Wesen des Meeres. Ihr Nesselgift ist für den Menschen nicht ganz ungefährlich. Sehr gefürchtet sind die Staatsquallen, hat doch die Berührung mit ihnen oft gefährliche Folgen für den Schwimmer, Schnorchler oder Taucher. Eines der schönsten Exemplare ist *Physophora hydrostatica* aus dem Mittelmeer. Eine langgestreckte Staatsquallenkolonie bildet *Agalma elegans,* wir finden sie im Atlantik. Die Portugiesische Galeere *Physalia physalis* ist in den warmen Gebieten der Ozeane zu finden. *Physalia* lebt nur an der Meeresoberfläche, und es ist ein phantastischer Anblick, wenn man sie zu Tausenden an der Oberfläche schwimmend beobachten kann. Während sie langsam auf dem Wasser dahingleiten, suchen die langen Fangfäden nach Beute. Die Beute wird mit den Fangfäden hochgezogen und an die Freßpolypen herangeführt. Für den Taucher hat es recht unangenehme Folgen, wenn er mit den Fangfäden in Berührung kommt. Von *Physalia* ist eine sehr starke Giftwirkung bekannt. Jeder sollte sich sogar hüten, gestrandete Stücke anzufassen. Man spürt brennenden Schmerz, oft bilden sich große Blasen; außerdem treten Kopfschmerzen, Erbrechen, Durchfälle und Reizung der Schleimhäute auf. In schweren Fällen wurden auch heftige Krämpfe der Atmungsmuskulatur beobachtet. Im allgemeinen gehen die Erscheinungen nach einigen Stunden zurück, können aber auch mehrere Tage anhalten.

Viele Fische werden durch die langen Fangfäden getötet und dann verspeist. Es gibt aber auch einige Fische, die zwischen den Nesselfäden umherschwimmen und sich bei Gefahr darin verbergen. Dadurch lassen sich andere Fische anlocken, die dann von der Qualle gefangen werden. Der Hirtenfisch *Nomeus gronovii* lebt in den Tropen sogar zwischen den stark nesselnden Fangtentakeln von *Physalia physalis*. Man beobachtete, daß Quallenfische an den Fangfäden knabbern und somit vielleicht gegen das starke Nesselgift immun werden. Es kommt aber immer wieder vor, daß *Nomeus* genesselt und dann von der Seeblase verspeist wird. Handelt es sich hier um kranke Tiere, ähnlich wie bei den Anemonenfischen? Bis heute ist diese Frage noch nicht beantwortet worden. Man weiß es noch nicht, woran es liegt, daß der kleine Fisch ohne sichtbaren Grund plötzlich genesselt und verspeist wird, obwohl sich die anderen munter zwischen den Tentakeln tummeln.

Während sich *Physalia* immer an der Meeresoberfläche aufhalten muß, können sich die Angehörigen der Gattung *Rhizophysa* bei Störungen oder Gefahr durch Ablassen von Gas in die Tiefe sinken lassen. Durch das Erzeugen neuer Gasbläschen mit ihrer Drüse steigen sie wieder zur Oberfläche auf.

Sehr gefährlich ist die im Indischen Ozean und Teilen des Pazifischen Ozeans lebende Würfelqualle *Chiropsalmus quadrigatus*. Sie zählt wie die Feuerqualle oder Seewespe *Chironex flekkeri* zu den gefährlichsten Meerestieren Australiens. Da sie sich sehr, sehr ähnlich sehen und auch die gleichen Vergiftungssymptome zeigen, nennt man beide Quallen Seewespe, auch in der englischen Literatur heißen sie Sea Wasp oder Box Jellies. Zwischen Dezember und März werden für die Badenden viele Kilometer Badestrand gesperrt, weil der Nordwind die Quallen in riesigen Mengen an die Küste treibt und die Badenden ohne diese Vorsichtsmaßnahme schwere körperliche Schäden davontragen würden.

Ein ausgewachsenes Exemplar dieser Quallenart besitzt dermaßen viele Nesselzellen auf den Tentakeln, daß die Gesamtmenge des Giftes praktisch ausreichen würde, drei erwachsene Menschen zu töten. Die Nesselzellen durchdringen mit Leichtigkeit die menschliche Haut, besonders gefährdet sind Kinder.

Kommt die Haut mit den Tentakeln in Berührung, so verspürt man einen brennenden Schmerz, der so stark und unerträglich sein kann, daß er eine sofortige Ohnmacht auslöst, und somit oft der Tod durch Ertrinken erfolgt. Auch H. Schumacher schreibt, daß die in den australischen Gewässern als „Seewespe" gefürchteten Quallen *Chironex fleckeri* und *Chiropsalmus quadrigatus* immer wieder tödliche Nesselverbrennungen verursachen.

Die sehr schweren Nesselverletzungen von *Chironex* führen zu starker Blasenbildung mit sehr langsam heilender Gewebenekrose (Absterben von Geweben oder Gewebsteilen). Oft kommt es schon nach wenigen Minuten zum Kollaps, dann sind künstliche Beatmung und Herzmassage dringend notwendig. Injektionen mit Adrenalin, Kortikosteroid usw. überläßt man am besten dem Arzt. Die Behandlung mit Methylalkohol muß aber unmittelbar nach der Berührung mit der Qualle erfolgen, denn der Alkohol hindert die an der Haut des Verletzten haftenden Tentakel daran, ihre volle Giftmenge abgeben zu können.

Eine starke Schwellung und Blasenbildung ruft die Würfelqualle *Chiropsalmus quadrigatus* beim Menschen hervor, während als Allgemeinerscheinungen Krämpfe, hohes Fieber und Schüttelfrost auftreten. Die im Mittelmeer vorkommende Art der Würfelqualle *Charybdea marsupialis* (auch sie wird englisch Mediterranean Sea Wasp genannt) ist eine verhältnismäßig schnell schwimmende Art; die Berührung mit ihr ist sehr schmerzhaft und nicht ganz ungefährlich.

Ein Gigant unter den Quallen ist die Riesenqualle *Cyanea arctica.* Sie erreicht einen Durchmesser bis zu zwei Metern. Diese Riesenqualle bevorzugt kalte Gewässer, wo der Mensch normalerweise nicht badet. So können wir nur vermuten, wie groß die Vergiftungsgefahr für uns wäre, würden wir mit diesem Riesen zusammentreffen.

Wer das Pech hatte, beim Baden in der Nordsee von der Kornblumenqualle *Cyanea lamarckii* genesselt zu werden, weiß, wie schmerzhaft die Verletzungen sind. Diese herrliche blaue Qualle finden wir nicht in der Ostsee. Sie ist etwas kleiner als ihre Verwandte, die gelbe Haarqualle *Cyanea capillata,* die in der Nordsee und Ostsee, im Atlantik und im Pazifik vorkommt. Sie erreicht einen Durchmesser bis 45 cm. Einzelne Exemplare sollen einen Meter und mehr erreichen. Zartrosa bis violett schillert der Schirm, während die Mundarme purpurfarben sind. Die langen Tentakel schimmern gelblich. Eine Berührung mit den stark nesselnden Fangarmen ist für den Menschen nicht ungefährlich. In England ist sie unter dem Namen „Löwenmähne" sehr bekannt, und zwar durch „Sherlock Holmes' Abenteuer mit der Löwenmähne". Es geht in diesem Roman um eine Vergiftung mit Quallengift. Für den Badenden sind die Nesselorgane der Quallen immer recht unangenehm. Auch wenn wir keine Quallen sehen, können wir stark genesselt werden, denn vielfach treiben die zarten Tentakel losgelöst im Wasser und reizen schon bei der kleinsten Berührung stark die Haut des Schwimmers.

Die Kompaßqualle *Chrysaora hysoscella* ist eine ansprechende und leuchtende Qualle mit einem flachen gelblichen Schirm, Durchmesser bis etwa 30 cm. Der Schirmrand ist mit 32 kleinen Randlappen geziert, unter diesen sehen wir die 24 ausziehbaren Tentakel. Die vier kräftigen, gekrausten Mundarme können sie bis auf ca. zwei Meter ausstrecken. Wir finden sie im Mittelmeer, Atlantik, in der Nord- und Ostsee.

Die Leuchtquallen *Pelagia* gehören zu den Arten, bei denen schon der kleinste Reiz genügt, um das Leuchten auszulösen. Die Leuchtstoffe liegen in den Nesselwarzen auf der Glockenoberfläche, sonst ist über die Bedeutung dieses Phänomens nichts bekannt. Da sie oft in riesigen Schwärmen auftreten, soll es ein unvergeßlicher Anblick sein, wenn man nachts kilometerweit leuchtende Quallen sieht. Die Leuchtqualle *Pelagia noctiluca* hat einen pilzförmigen Schirm mit 16 kleinen Randlappen, der rötlich bis bläulich schillert und einen Durchmesser bis etwa 7 cm hat. Heimat sind das Mittelmeer und der Atlantik. Gleichfalls an der Atlantikküste finden wir *Pelagia perla.* Sie gehört auch zu den Arten, die Meeresleuchten erzeugen. Das Nesselgift ist sehr stark und die Berührungen sind sehr schmerzhaft; es treten Blasenbildung und Fieber auf. Eine große Fahnenqualle mit einem Schirmdurchmesser bis ca. 20 cm ist der Seenessel *Dactylometra quinquecirrha.* Heimat sind Atlantik und Indopazifik bis Japan. Auch *Dactylometra pacifica* gehört wie die vorher genannte Art zu den stark nesselnden und somit für den Badenden und Schnorchler gefährlich werdenden Quallen.

Eine der bekanntesten Quallen ist die in der Nord- und Ostsee recht häufig vorkommende Ohrenqualle *Aurelia aurita.* Sie ist völlig harmlos, und nur sehr empfindliche Menschen spüren ein Brennen.

Überwiegend im Frühjahr und Herbst finden wir im Mittelmeer die Knollenqualle *Cotylorhiza tuberculata.* Der flache Schirm ist in der Mitte gewölbt, die Kuppe ist goldgelb bis grünlich. Zwischen den gelblichen Mundarmen befinden sich zahlreiche Anhänge mit blauvioletten Endknöpfen. Durchmesser dieser herrlichen Qualle bis 35 cm. Das Nesselgift der Wurzelmundquallen ist für den Schnorchler und Taucher ziemlich harmlos, kann aber bei besonderer Empfindlichkeit oder wiederholter Berührung leichte Reaktionen auslösen.

Die Blaue Lungenqualle *Rhizostoma octopus* mit kuppelförmigem Schirm bis etwa 60 cm Durchmesser. Sie ist im Atlantik, in der Nordsee, selten in der Ostsee beheimatet. Sehr ähnlich und fast gleich groß wird die Gelbe Lungenqualle *Rhizostoma pulmo,* die wir im Mittelmeer finden.

Bis 24 cm Schirmdurchmesser erreicht *Cassiopeia xamachana,* sie liebt die stillen Flachwasser der Mangrovengebiete Floridas. Auch *Cassiopeia andromeda* aus dem Indopazifik treibt wie ihre Verwandte nicht im freien Wasser, meist liegen sie auf dem Boden, den Mund nach oben und die Schirmoberseite nach unten gekehrt.

Viele Wurzelmundquallen werden gegessen und sind somit für den Menschen von Nutzen. An den japanischen und chinesischen Küsten finden wir *Rhopalonema esculenta.* Diese Qualle wird dort in großen Mengen gefangen und auf verschiedene Art zubereitet und verspeist. *Rhopalonema* unterscheidet sich von ihren Verwandten dadurch, daß sie an den Mundarmen lange fadenförmige Fortsätze hat.

Für Quallen gilt die alte Weisheit, daß es kaum ein Gift gibt, das nicht anderen als Nahrung dient. Auf den Gilbert-Inseln hält man die *Chiropsalmus* für eine Delikatesse. In großen Mengen sammeln die Eingeborenen die Quallen, reißen Tentakel und Schirm ab, so daß nur ein Teil der Gallerte mit den Geschlechtsorganen übrigbleibt. In seinem Buch „Margius of the sea" berichtet Maurice Burton, gekochte Seewespen

schmecken wie Kaldaunen; trocknet man dieselben zuerst und brät sie dann in Fett, so erinnert ihr Geschmack an die Kruste von Schweinebraten.
Wir glauben, daß sich die Todesursache bei Unglücksfällen meist aus mehreren Faktoren zusammensetzt. Man sollte nach einer Berührung mit Quallen das Wasser möglichst schnell verlassen, weil sehr häufig starke Muskelkrämpfe auftreten und somit die Gefahr des Ertrinkens groß ist. Auch eine zweite Berührung mit dem Tier kann böse Folgen haben. Der Schwimmer oder Taucher erleidet dann oft einen anaphylaktischen Schock. CHARLES RICHET erkannte, daß Überempfindlichkeit bei Nesselvergiftungen eine sehr wichtige Rolle spielt. Im Jahre 1913 erhielt er für seine wissenschaftliche Arbeit über Anaphylaxie (Überempfindlichkeit gegen wiederholt eingespritztes körperfremdes Eiweiß) den Nobelpreis.

Aber nicht nur der Badende oder der Taucher wird durch Quallen gefährdet, sondern auch der Strandsammler sollte stets vorsichtig sein. Angeschwemmte Quallen, ja sogar abgerissene Tentakel, die man sehr oft, namentlich nach heftigen Stürmen, am Strand findet, sollte man nicht mit der bloßen Hand berühren, wenn einem die Qualle nicht als harmlos bekannt ist. Auch tote Tiere und Tentakelstücke können noch sehr heftig brennen. Man kann sich also beim Sammeln am Strand ebenfalls empfindliche Vergiftungen zuziehen.

Meist recht ansprechend gefärbt sind die Aktinien oder Seerosen aus der Klasse *Anthozoa* Blumentiere. Diese Tiere kommen in verschiedenen Größen vor, sie tragen spärliche bis sehr zahlreiche Tentakel und sind in fast allen Meeren vertreten, sowohl im seichten Wasser als auch bis in die uns bekannten Tiefen. Am artenreichsten sind sie in den tropischen Gebieten. Manche Arten nesseln stark, ihre Berührung ist nicht nur schmerzhaft, sondern kann Blasenbildung und Fieber zur Folge haben. Die Wachsrose *Anemonia sulcata* und die Strandrose *Aiptasia ignea* sind sehr weit verbreitet und besitzen viele Millionen Nesselzellen. Das Sammeln mit ungeschützten Händen birgt Gefahren in sich, und daher sollten wir es unterlassen.

Die Empfindlichkeit der Meerestiere gegenüber dem Nesselgift ist recht unterschiedlich. Einige werden schnell gelähmt und gehen an Atemstörungen zugrunde. Andere Meerestiere

△ *Anemonia sulcata* und *Anthoplexaura* spec.

Calliactis parasitica ▽

fressen die Nesseltiere samt Tentakeln, ohne Schaden zu nehmen. Eine große Reihe von Meeresbewohnern leben mit den Nesseltieren in inniger Gemeinschaft. Die Schmarotzerrose *Calliactis parasitica* finden wir meist auf Schneckenhäusern, die von den Einsiedlerkrebsen *Pagurus arrusor* oder *Paguristes oculatus* bewohnt werden. Hier handelt es sich um eine echte Lebensgemeinschaft (Symbiose) zu beiderseitigem Nutzen. Der Krebs erleichtert der Rose die Ernährung, da er seine Untermieterin mit sich herumträgt. Deren Fangarme wiederum schützen den Krebs vor seinen Feinden. Man nimmt an, daß der Krebs seine Immunisierung durch das Verzehren von Nesselzellen erworben hat. Oft kann man Einsiedlerkrebse mit mehreren Schmarotzerrosen bepackt sehen. Gleichfalls eine Lebensgemeinschaft mit beiderseitigem Nutzen verbindet den Orange-Ringelfisch *Amphiprion ocellaris* und Arten der Seeanemonengattung *Stoichactis*. Der Fisch hält sich immer im Bereich der nesselnden Fangarme auf, deren Nesselzellen sonst andere Fische sofort betäuben würden. Da mehrere Freundschaften zwischen Fischen und Anemonen bekannt sind, stellten D. DAVINPORT und K. NORIS Untersuchungen über das Zusammenleben an.

Große Mengen des Nesselgiftes gefährden den Menschen und bewirken eine ganze Reihe von Vergiftungserscheinungen. Neben der toxischen Dermatitis (entzündliche Hautreaktion) treten folgende Erscheinungen auf: Übelkeit, Kopfschmerzen, Erbrechen , Schmerzen der Extremitäten (Gliedmaßen) und in schweren Fällen Herzschwäche und Kollaps.

Bei den Schwammtauchern treten chronische Vergiftungen durch Nesselgift als Berufskrankheit auf. Einen Schutz gegen die nesselnden Verbrennungen gewährt eine Fettschicht, mit der man die ungeschützte Haut bedeckt.

Der griechische Arzt Skevos Zervos beschäftigte sich intensiv mit der schweren Hautkrankheit der Schwammtaucher. Er reizte die rasierte Bauchhaut von Hunden mit Aktinien und stellte bei diesen Versuchen fest, daß die Symptome bei den Versuchstieren dem Krankheitsbild der Schwammtaucher gleichen. Im Jahre 1903 schrieb er eine Abhandlung über diese schwere Hautkrankheit. Für seine Verdienste gab man ihr den Namen „Zervossche Krankheit". Auch zeigten seine Versuche, daß nicht die Schwämme, sondern die Aktinien schuld an dieser Berufskrankheit der Schwammtaucher sind; denn oft sitzt die Tangrose *Sagartia elegans* auf verschiedenen Schwämmen und ist somit verantwortlich für die schweren Hauterkrankungen der Schwammtaucher.

In gemeinsamer Forschungsarbeit gewannen CH. RICHET und P. PORTIER aus den Nesseltieren verschiedene Giftstoffe. Aus der *Anemonia sulcata* das Thalassin, aus den Tentakeln der *Physalia physalis* das Hypnotoxin und aus den Aktinien und den Wurzelmundquallen das Congostin. Diese drei Nesselgifte ergeben das gleiche Vergiftungsbild, denn es handelt sich hier um pharmakologisch wirkende eiweißartige Stoffe.

Auf einigen Südseeinseln werden von den Eingeborenen Seeanemonen gegessen. An den Küsten Frankreichs, Italiens und Griechenlands standen sie früher ebenfalls auf dem Speiseplan.

Schon sehr früh erkannte man die nesselnde Eigenschaft der Hohltiere und wandte sie in der Heilkunde an. Man zerrieb die Tentakel in Schlamm und machte Umschläge oder gab Bäder gegen neuralgische Erkrankungen (Nervenschmerzen) u. v. a.

Die Reaktion des Einzelnen bei der Berührung mit den Nesseltieren ist recht verschieden, je nach Allergiebereitschaft. Um die Auswirkungen der Tentakel möglichst schnell zu beenden, bestreichen wir die genesselten Stellen mit Vaseline, Borsalbe oder Olivenöl, auch verdünnter Salmiakgeist bringt etwas Linderung. Sind diese Mittel nicht greifbar, nehmen wir Zucker, Salz oder trockenen Sand. Ferner geben wir Schmerzlinderungsmittel, Herz- und Kreislaufmittel, und seit kurzem werden Antihistamine in schweren Fällen verabreicht. Sofern es notwendig erscheint, kann bis zum Eintreffen des Arztes mit künstlicher Beatmung begonnen werden. Bei Verletzungen durch Korallenstöcke legen wir auf die Rißwunden feuchte Tücher mit schwacher Magnesiumsulfatlösung.

Wissenschaftlern der „Commonwealth Serum Laboratories of Australia" ist es gelungen, einen Impfstoff herzustellen. Er hat sich bei Tierversuchen bestens bewährt, wurde aber am Menschen noch nicht ausreichend getestet. Sicher wird es aber nicht mehr lange dauern, bis wir über ein Antitoxin gegen Nesselvergiftungen verfügen können.

Cryptodendrum adhaesivum

Im Seewasseraquarium sind viele einmal eingewöhnte Arten von Aktinien oder Anemonen gut haltbare und dankbare Pfleglinge. Alle Seerosen fressen tierische Nahrung. Wir geben unseren Blumentieren nur stark zerkleinerte Nahrung, weil große Brocken schlecht verdaut werden. Am besten füttern wir unsere Pfleglinge einzeln, was jedoch viel Zeit und Geduld erfordert. Alle Aktinien lieben klares und sauerstoffreiches Wasser.

Ein viele Jahre ausdauernder Pflegling ist die Purpur- oder Pferdeaktinie *Actinia equina.* Sie kann jedem Anfänger der Seewasseraquaristik empfohlen werden. Die Gürtel- oder Ringrose *Actinia cari* hat ihren Namen nach der grünen Ringelung des Körpers. Sie lebt im Mittelmeer und an der Atlantikküste. Die Wachsrose *Anemonia sulcata* besitzt etwa 200 lange, fleischige Tentakel, die an ihren Enden oft herrlich blau gefärbt sind. Sie ist etwas empfindlich, wandert im Becken oft umher und bewegt gern ständig, im gut durchlüfteten Becken, ihre bis zu 15 cm langen Tentakel.

Die Edelstein- oder Warzenrose *Bunodactis verrucosa* ist eine Zierde für jedes Seewasseraquarium. Das Mundfeld schimmert perlmuttartig und zeigt mitunter bräunlich-violette Töne, die

Tentakel sind hell und dunkel geringelt. Die Haltung der Edelsteinrose ist leicht, und bei guter Fütterung ist sie ein dankbarer Pflegling. Wir finden sie im seichten Wasser des Mittelmeeres, des Atlantiks und in der Nordsee.

Zu den Blumentieren gehören auch die Seenelken. Sie dürfen hier nicht unerwähnt bleiben. Die ungeheuer zahlreichen, zarten Tentakel ruhen auf dem schlanken Fuß der Tiere und verleihen ihnen ein nelkenähnliches Aussehen. Es ist für jeden Naturfreund ein herrliches Bild, wenn ein Seewasseraquarium von einigen weißen und lachsfarbenen Exemplaren bewohnt wird. Seenelken sollten nie mit Seerosen zusammen gehalten werden, da sie durch das Nesselgift der herumwandernden Tiere verbrannt werden. Die Heimat der Seenelken sind die Küsten des Atlantiks, der Nordsee und des Mittelmeeres.

Eine echte Symbiose führt die Riesenanemone aus der Gattung *Stoichactis* mit dem Porzellankrebschen *Neopetrolisthes oshima.* Dieses kleine zartrosa Tierchen, der Rücken ist oft mit roten Punkten geziert, sieht mit seinen großen Scheren recht rauflustig aus. Es sind jedoch friedliche Tiere, die sich auch untereinander gut vertragen. Meist bewohnen sie paarweise eine

Aiptasia diaphana

Anemone. Manchmal verläßt das Krebschen die Anemone und läuft in einiger Entfernung umher, wie man im Aquarium beobachten kann.

Jedes Becken mit Aktinien ist ein herrlicher Ausschnitt der Natur im Heim und wird Aquarianern viel Freude bereiten.

Cnidaria Nesseltiere

Name	Verbreitung
***Hydroidea* Polypen**	
Aglaophenia cupressina	Großes Barriereriff
Hydractinia echinata	Mittelmeer, Atlantik, Nordsee, selten Ostsee
Lytocarpia philippinus	fast alle tropischen Meere
Millepora alcicornis	trop. Pazifik, Indischer Ozean u. Karibische See
– *complanata*	südlich v. Kuba
– *dichotomata*	Indopazifik
– *platyphyllus*	Rotes Meer
Sarsia tubulosa	Atlantik, Nordsee u. Ostsee
Sertularia cupressina	Atlantik, Nordsee, selten Ostsee
***Siphonophora* Staatsquallen**	
Agalma elegans	Atlantik
Physalia physalis	weltweit verbreitet
– *utriculus*	Indopazifik
Physophora hydrostatica	Atlantik, Mittelmeer, selten Ostsee
Rhizophysa eisenhardti	fast alle warmen Meere
– *filiformis*	fast alle warmen Meere
***Cubomedusae* Würfel- oder Feuerquallen**	
Charybdea alata	Tropischer Pazifik, Atlantik u. Indischer Ozean
– *marsupialis*	Mittelmeer im Bereich von Häfen und Flußmündungen
Catostylus mosaicus	Gewässer um Australien, Philippinen u. Neu Guinea
Chironex fleckeri	Indischer Ozean, Pazifik vor Nordaustralien und Philippinen
Chiropsalmus quadrigatus	Indischer Ozean u. südl. Pazifik
Tripedalia cystophora	Küsten bei Jamaica
***Semaeostomae* Fahnenquallen**	
Aurelia aurita	Atlantik, Nordsee, u. Ostsee
Chrysaora hysoscella	Atlantik, Mittelmeer, Nordsee u. Ostsee

Cyanea arctica	polnahe Meere
– *capillata*	Atlantik, Pazifik, Nordsee u. Ostsee
– *lamarckii*	Atlantik u. Nordsee
Dactylometra pacifica	Pazifik
– *quinquecirrha*	Atlantik, Indopazifik u. Japanisches Meer
Dryonema dalmatina	Mittelmeer
Pelagia noctiluca	Atlantik u. Mittelmeer
– *perla*	nördlicher Atlantik

Rhizostomae Wurzelmundquallen

Cassiopeia andromeda	Indopazifik
– *xamachana*	Küste u. Mangrovenzone Floridas
Cotylorhiza tuberculata	Mittelmeer
Rhizostoma octopus	Atlantik u. Nordsee
– *pulmo*	Mittelmeer
Rhopalonema esculenta	chinesische u. japanische Küsten

Anthozoa Blumentiere

Actinia cari	Mittelmeer
– *equina*	Atlantik, Mittelmeer u. Nordsee, weltweit verbreitet
Actinothoe clavata	europäische Küsten
Adamsia palliata	Atlantik, Mittelmeer u. Nordsee
Aiptasia igena	Atlantik, Mittelmeer, Nordsee u. westl. Ostsee
– *diaphana*	Mittelmeer
Anemonia sulcata	Ostatlantik, Mittel- und Schwarzes Meer
Bunodactis rubripunctata	Mittelmeer
– *verrucosa*	Atlantik, Mittelmeer u. Nordsee
Calliactis parasitica	Mittelmeer, Atlantik bis zur Kanalküste
Cereus pedunculatus	Mittelmeer, Atlantik u. Nordsee
Condylactis aurantiaca	Mittelmeer
Cryptodendrum adhaesivum	fast alle tropischen Meere
Metridium senile	Atlantik, Mittelmeer u. Nordsee
Sagartia elegans	Atlantik, Mittelmeer u. Nordsee
Stoichactis haddoni	Indopazifik
Tealia felina = Synonym von *Urticina felina*	Atlantik, Nordsee u. Ostsee

Madreporaria Steinkorallen

Astroides calycularis	Mittelmeer

Alcyonaria Lederkorallen

Alcyonium palmatum	Mittelmeer

Gorgonaria Hornkorallen

Corallium rubrum	Mittelmeer

Weichtiere *Mollusca*

Nach den Gliederfüßern sind die Weichtiere der zweitgrößte Stamm des Tierreiches. Uns interessieren hier nur die Klassen der Schnecken *Gastropoda* mit etwa 85 000 Arten, Muscheln *Bivalvia* mit ungefähr 25 000 Arten und der höchstentwickelten Gruppe der Weichtiere, Kopffüßer *Cephalopoda* mit ca. 730 Arten. Ganz stimmt der Name Weichtiere nicht, denn völlig weich sind sie nicht, die meisten von ihnen besitzen eine oder zwei Kalkschalen zur Stützung oder zum Schutz des Körpers.

Schnecken *Gastropoda*

Einige Meeresschnecken wie die Meerohren *Haliotidae,* Faßschnecken *Tonnidae* und Tritonshörner *Cymatiidae* verfügen über einen sauren Speichel, mit dem sie die Schalen der ihnen zur Nahrung dienenden Weichtiere und Stachelhäuter anätzen, um so schließlich zum genießbaren Fleisch des Opfers zu gelangen. Zu den Giftzünglern *Toxoglossa* gehören die Kegelschnecken *Conidae,* die Schraubenschnecken *Terebridae* und die Turmschnecken *Turridae.* Bei diesen Schnecken bilden die Zähne der *Radula* (Raspelzunge) eine lange kanülartige Röhre mit Widerhaken, die mit einer Giftdrüse in Verbindung stehen. Diese räuberischen Giftschnecken benutzen die *Radula* wie eine Injektionsnadel, die sie in ihre Beute stoßen, um sie zu lähmen oder gleich zu töten.

Ein paar der tropischen Conus-Arten sind wegen ihrer prächtigen Zeichnung beliebte Sammlerobjekte. Die begehrteste Art für jeden Sammler ist *Conus gloriamaris,* Ruhm des Meeres oder Königin der Meere, wie sie auch genannt wird. Es wurden bis jetzt erst 65 dieser seltenen Gehäuse gefunden; ob diese Angaben zutreffen, ist nicht genau erwiesen. Bekannt ist nur, daß einige Sammler vier- und fünfstellige Summen ausgeben würden, um solch ein Stück in ihre Sammlung einreihen zu können.

Von den Kegelschnecken der tropischen Meere weiß man, daß ihr Stich dem Menschen sehr gefährlich, manchmal sogar tödlich sein kann. Man nennt sie auch die „Giftschlangen" des

Meeres. Genaue Untersuchungen über das Gift der Kegelschnecken liegen noch nicht vor. Es liegt daran, daß man bisher zu wenig reines Toxin zur Verfügung hat. In dem 1705 erschienenen Buch „Amboinische Raritätenkammer" berichtet der deutsche Naturforscher G. E. RUMPF über den ersten offiziellen Todesfall einer Frau auf der indonesischen Bandainsel. Beim Betrachten des herrlichen Gehäuses einer lebenden Kegelschnecke verspürte sie einen leichten Stich in der Hand. Nach kurzer Zeit wurde sie bewußtlos und starb. Die für den Menschen besonders gefährlichen Arten sind *Conus aulicus, C. marmoreus, C. striatus, C. textile, C. tulipa.* Nach dem Stich von *Conus geographus* sollen schon einige Todesfälle bekanntgeworden sein; genaue Zahlen können wir nicht nennen, denn die Angaben in der Literatur sind recht unterschiedlich. Wenn auch die Arten an unseren Küsten nicht so giftig sind wie die tropischen Arten, so ist immer Vorsicht geboten beim Berühren solch giftiger Tiere.

Nach dem Stich spürt man brennenden Schmerz, die Wundstelle färbt sich blau. Eine allmähliche Gefühlslosigkeit ergreift den ganzen Körper und ein Kribbeln in den Lippen macht sich unangenehm bemerkbar. Auch hier geben wir dem Verletzten ein schmerzlinderndes Mittel. Sorgfältiges Auswaschen der Wunde ist unbedingt erforderlich. Eine Wundinfektion kann durch Antibiotika verhindert werden. Nie verkehrt sind heiße Umschläge oder Kompressen auf die Stichstelle und zwar so heiß, wie es der Verletzte vertragen kann. Dem Arzt sollte man immer möglichst genau angeben, von welchem Tier man verletzt wurde und wieviel Zeit seit dem Unfall vergangen ist.

In fast allen Meeren finden wir die Faß- und Tonnenschnecken *Tonnidae.* Das große, bauchige, dünnwandige, aber starke Gehäuse gab ihnen den Namen. Die Nahrung dieser Raubschnekken besteht aus Muscheln und Stachelhäutern, auf denen sie sich festsetzen und die hakenartigen Kiefer in die Beute schlagen. Ferner scheiden sie aus der Speicheldrüse *Asparaginsäure* und 2–4%ige Schwefelsäure ab und töten oder lähmen damit ihr Opfer. Dann werden mit der Radula große Stücke aus dem Körper gerissen und verschlungen.

Außer den Tonnenschnecken sind die Helmschnecken *Cassidae,* Tritonshörner *Cymatiidae* und Froschschnecken *Bursidae* in der Lage, aus den Speicheldrüsen Säure auszuscheiden. Im Mittelmeer und im Atlantik finden wir die Große Faßschnecke *Tonna galea,* deren bräunlichgelbes Gehäuse bis etwa 25 cm hoch werden kann. Vorsicht, wenn wir durch das Wasser waten, denn die Tonnenschnecken können uns recht gefährliche und schwer heilende Wunden beibringen.

Eine der schönsten Tonnenschnecken aus dem Indischen Ozean ist die Rote Helmschnecke *Cypraecassic rufa* mit einem rotbraunen Gehäuse bis etwa 18 cm. Aus dem außen roten und innen helleren Gehäuse der Helmschnecke wurden früher die bekannten Karneolin-Kameen geschnitten. Die Künstler bekamen dieses Material bedeutend billiger als die seltenen mehrfarbigen echten Karneole.

Die Stachelschnecken *Muricidae* verfügen über einen giftigen Speichel. Aus der Herkulesschnecke *Murex brandaris* gewann Friedländer 1909 den Brandpurpur, ein ungiftiger Purpurfarbstoff. Dagegen hat das Murexin eine nikotin- und curareartige Wirkung. Bei Brandpurpur handelt es sich um ein Drüsensekret der Hypobranchialdrüsen von *Murex (Trunculari opsis) trunculus* und *Murex brandaris.* Der gleiche Stoff wurde auch in den Schnecken *Nucella lapillus* und *Urosalpynx cinerea* nachgewiesen.

Sehr beachtenswert sind die Waffen der Fadenschnecken (Unterordnung *Aeolidoidei),* deren Rücken mit Reihen von Hautpapillen besetzt sind. Diese kleinen zum Teil herrlich gefärbten Schnecken fressen fast ausschließlich Nesseltiere, ohne Schaden an den Nesselkapseln zu nehmen. Die Nesselkapseln, die sonst fast allen anderen Lebewesen zum Verhängnis werden, gelangen nach dem Verzehr in die Rückenanhänge der Schnecke und dienen ihr nun als Waffe gegen ihre Feinde. Im Mittelmeer finden wir die bis ca. 6 cm große bräunliche Fadenschnecke *Spurilla neapolitana.* Die in den Rückenanhängen gesammelten Nesselzellen entfalten nur eine schwache Wirkung und sind somit für den Schnorchler und Badenden ungefährlich. Das gespeicherte Nesselgift schützt sie aber vor ihren Feinden.

Auch die im folgenden Abschnitt genannte Veilchen- oder Floßschnecke ist für den Menschen harmlos. Sie ernährt sich

△ *Cypraecassis* Bauchseite ▽

zwar von kleinen giftigen Nesselquallen, ohne daran Schaden zu nehmen, aber der Schnorchler wird sie fast nie sehen, denn sie ist ein Tier der Hochsee. Nach schweren Stürmen stranden sie oft in großen Mengen an den Küsten. Wir haben diese zwei verschiedenen und recht interessanten Schnecken erwähnt, damit wir sehen, daß Gift für viele Tiere lebenswichtig ist.

Ein Feind der Segelquallen ist der Mondfisch *Mola mola.* Er ist weltweit verbreitet und kann eine Größe bis zu zweieinhalb Meter erreichen. In der nördlichen Adria folgen die Mondfische den im Mai in großen Mengen vorkommenden Lungenquallen an die Küste, um sie dort zu verspeisen. Aber auch kleine Fische, Tintenschnecken und pelagische Planktontiere werden nicht verschmäht. Ein kleines Tier von nur wenigen Zentimetern ist ebenfalls ein Todfeind der Segelquallen. Es handelt sich um die Veilchen- oder Floßschnecke *Janthina fragilis.* Das Gehäuse ist etwa 2–4 cm hoch und violett, während der Körper blaugefärbt ist. Um die segelnden Quallen zu erbeuten, muß sich die Schnecke auf die gleiche Art fortbewegen können. Und da sie selbst nicht schwimmen kann, wird aus Luftblasen und erhärtetem Schleim ein etwa 10 cm langes und 2 cm breites Floß gebildet. Stößt die blinde Floßschnecke beim Dahintreiben an eine Segelqualle, so ist die Qualle fast immer verloren. Sofort streckt die Veilchenschnecke ihre mit zahlreichen, hakenförmigen Zähnen besetzten Greifbacken der Radula hervor. Kleine *Velella spiranz* werden ganz verspeist, aus großen Exemplaren werden Stücke herausgerissen und verschlungen. Ohne Schaden zu nehmen, werden von *Janthina* auch die giftigen Nesselquallen nicht verschmäht.

Bei Gefahr kann die Veilchenschnecke, ähnlich wie die Tintenfische, aus einer Drüse ein violettes Sekret ausstoßen und in dieser dunklen Wolke ungesehen verschwinden. Die Segelquallen und die ihr verwandte Qualle *Porpita porpita* sind die einzigen unter den Hohltieren, die atmosphärische Luft atmen, und so müssen sie immer über dem Wasserspiegel bleiben; werden sie untergetaucht, ertrinken sie unweigerlich. Die Veilchenschnecke, über die warmen Weltmeere treibend, ist zeitlebens an ihr Floß gebunden, denn die erwachsene Schnecke kann nicht schwimmen. Wird sie vom Floß losgerissen, versinkt sie und ertrinkt. Ist das eine Laune der Natur, oder scheint es nur seltsam, daß zum Beispiel Sturm oder hohe Wellen zwei verschiedenen Tieren, deren Lebenselement ausschließlich das Meer ist, den Tod durch Ertrinken bringen können?

Im Mittelmeer leben mehrere Arten Seehasen der Ordnung *Anaspidae.* Die dünne, rückgebildete, flache Schale ist fast vollständig vom Mantel überwachsen. Der Fuß verbreitert sich seitlich zu breiten Flossensäumen, die gegen das Hinterende miteinander verwachsen sind. Durch Auf- und Abschlagen des Flossensaumes kann *Aplysia* verhältnismäßig gut schwimmen. Der Gemeine Seehase *Aplysia depilans* wird bis etwa 25 cm lang. Das Tier ist zart grünlichgrau bis dunkelbraun marmoriert. Der Kopf trägt vier Fühler, das hintere Paar ähnelt Hasenohren; daher sicher auch der volkstümliche Name. Auf Sandgrund mit starkem Algenbewuchs oder im Flachwasser schwimmend können wir den Seehasen beobachten. Er ist ein ausgesprochener Pflanzenfresser.

Im Altertum hatte der Seehase keinen guten Ruf, denn die Römer sollen ihn zu kriminellen Zwecken benutzt haben. Man behauptete, daß er giftig sei und zum Bereiten von Giftgetränken verwendet wurde. Das hängt sicher damit zusammen, daß er bei Gefahr aus der Mantelhöhle einen milchigen oder violettfarbenen Saft ausstößt. Und es ist verständlich, daß ein häßliches Tier, das bei Berührung eine gefärbte Flüssigkeit ausstößt, zur damaligen Zeit zum giftigen Ungeheuer erklärt wurde. Das Gift ist nur wenig untersucht worden, obwohl man die Seehasen für Versuchszwecke verwendet, denn ihre großen Nervenfasern eignen sich gut für neurophysiologische Versuche. (Neurophysiologie: bedeutsamer Zweig der modernen Physiologie u. Teil der Neurobiologie, der sich meistens mit elektrophysikal. u. elektron. Techniken der Reizung im Zentralnervensystem u. der Ableitung elektr. Erscheinungen befaßt. Die N. hat einen engen Zusammmenhang mit der Physiologie der höheren Nerventätigkeit.)

Die größte Anzahl der Schnecken ist nicht giftig und viele Arten gelten als delikate Speisen. Auch der Pelikanfuß *Aporrhais pespelicani* gehört zu den eßbaren Schnecken. Zu den Mittelschnecken der Ordnung *Mesogastropoda* sind diverse Familien gestellt, wie die Pelikanfüße *Aporrhaidae* und auch die Strandschnecken *Littorinidae.* Fast alle Angehörigen dieser Familien schätzt man als kalte Vorspeisen. Sie hier alle aufzuzählen, würde zu weit führen. Wer für solche kulinarischen Genüsse schwärmt, notiert sich die Rezepte am besten immer an Ort und Stelle, wo diese oder jene Arten als Spezialitäten geführt werden.

Viele Arten von Schnecken lassen sich im Seewasseraquarium halten, vorausgesetzt, daß keine schneckenfressenden Fische im Becken sind. Die Stachel- oder Wulstschnecken *Muricidae* brauchen zum Futter ab und zu eine lebende Miesmuschel. Kegelschnecken *Conidae* fressen Fischfleisch, lebende Muscheln und kleine Krebse. Gegen Angreifer wehren sie sich mit ihrem giftigen Stachel. Darum ist auch für den Aquarianer, der Kegelschnecken pflegt, stets größte Vorsicht geboten. Das Wellhorn *Buccinum undatum* ist recht ausdauernd und eignet sich im Aquarium gut als Restevertilger. Die leeren Gehäuse werden gern von den Einsiedlerkrebsen als Wohnraum benutzt. Einsiedlerkrebse sind die Clowns im Seewasseraquarium und – einmal eingewöhnt – halten sie sich recht gut. Nur müssen wir immer für leere Schneckenhäuser sorgen, denn beim Wachstum des Krebses wird stets nach einer gewissen Zeit ein neues, größeres Haus benötigt. Auch das Gehäuse der braungrünlichen Gemeinen Nadelschnecke *Cerithium vulgatum* wird gern von kleinen Einsiedlerkrebsen bewohnt. Die Nadelschnecken lockern im Aquarium den Bodengrund auf und sind ebenfalls recht ausdauernde Pfleglinge.

Herrlich gefärbt und meist von bizarrer Gestalt sind die Nacktkiemer *Nudibranchia.* Diese schönen Tiere sind nur sehr schwer im Aquarium zu halten und ihre Pflege ist ausschließlich etwas für sehr erfahrene Seewasseraquarianer.

Schnecken, die ein sehr starkes Gift entwickelt haben

Name	Verbreitung
Conidae Kegelschnecken	
Conus aulicus	Indopazifik
– betulinus	Indopazifik

– *bullatus*	Indopazifik
– *capitaneus*	Indopazifik
– cendonulli	Kleine Antillen
– *coccineus*	westlicher Pazifik
– *ebraeus*	Indopazifik
– *episcopus*	Indopazifik
– *figulinus*	Indopazifik
– *generalis*	IndopazifX
– *genuanus*	Westafrika
– *(Gastridium) geographus*	Indopazifik
– *imperalis*	Indopazifik
– *leopardus*	Indopazifik
– *lithoglyphus*	Indopazifik
– *litteratus*	Indopazifik
– *maldivus*	Indischer Ozean
– *marmoreus*	Indopazifik
– *(Lautoconus) mediterraneus*	Mittelmeer (Sardinien), anschließender Atlantik
– *mustelinus*	Indopazifik
– *pennaceus*	Indopazifik
– *praelatus*	Indischer Ozean
– *spectrum*	westlicher Pazifik
– *spurius*	Golf v Mexiko u. Karibische See
– *stercusmuscarum*	Ceylon u. Westlicher Pazifik
– *(Strioconus) striatus*	Indopazifik
– *sulcatus*	Indopazifik
– *(Cylinder) textile*	Indopazifik
– *tulipa*	Indo-Westpazifik

Terebridae Schraubenschnecken

Terebra areolata	Indopazifik (Philippinen)
– *babylonia*	Indo-Westpazifik
– *crenulata*	Indo-Westpazifik
– *dimidiata*	Indo-Westpazifik
– *dislocata*	Florida, Texas, Westindien (Bahamas)
– *felina*	Indo-Westpazifik
– *maculata*	Indo-Westpazifik (Queensland)
– *subulata*	Indo-Westpazifik (Queensland)
– *strigata*	Pazifische Küste v. Mittelamerika

Turridae Turmschnecken

Comitas kaderklyi	von Japan bis zu den Philippinen
Philbertia purpurea	Mittelmeer u. Atlantik
Thatcheria mirabilis	Gewässer um Japan und Formosa
Turris babylonia	Indopazifik
– *crispa*	Indopazifik

△ *Cerithium vulgatum*

Conus litteratus ▽

Muscheln *Bivalvia*

Wird von Muscheln gesprochen, so denken wir zuerst sicher an die echten Seeperlmuscheln. Wir finden sie in einer Größe bis zu 30 cm Durchmesser in fast allen warmen Meeren. Sie liefern uns das herrlich schimmernde Perlmutt. Für viele Strandsammler sind fast alle Seeperlmuscheln begehrte Sammelobjekte, denn sie variieren in Form, Farbe und Größe.

Die größte uns bekannte Muschel ist die in der Südsee lebende Riesenmuschel *Tridacna gigas.* Ihre Schalenlänge erreicht 1 m und mehr und kann bis zu 5 Zentner schwer werden.

Seit Jahrtausenden stehen die Austern *Ostreidae* auf dem Speiseplan der Menschen. Sie werden wie eh und je in künstlich angelegten Austernbänken gezüchtet. Gleichfalls als Nahrung dienen die Miesmuscheln *Mytilidae.* Normalerweise darf man alle Muscheln essen, die frisch und mit geschlossenen Schalen auf dem Markt angeboten werden. Während der heißen Jahreszeit können Austern und Miesmuscheln aber zu Giftträgern werden. Das Muschelgift Mytilotoxin von der Miesmuschel ruft eine wie durch Curare ausgelöste ähnliche Lähmung hervor und ähnelt einer Akonitin-Vergiftung. Schon nach dem Genuß einiger giftiger Muscheln spürt man ein heftiges Kribbeln in den Fingern, ein Kältegefühl stellt sich ein und nach Sprech- und Atemstörungen tritt oft in wenigen Stunden durch zentrale Atemlähmung bei vollem Bewußtsein der Tod ein. Im engeren Sinne gehören die hier genannten Tiere nicht zu den Gifttieren, aber wir sehen, daß unter gewissen Umständen völlig harmlose Tiere zu gefährlichen Giftträgern werden können.

Die Giftigkeit der Muscheln kann verschiedene Ursachen haben, z. B. durch bakterielle Veränderung der toten Tiere. Einige werden zu bestimmten Jahreszeiten, namentlich zur Fortpflanzungszeit, gefährlich. Andere Arten werden giftig, wenn sie sich von einem bestimmten Meeresplankton ernähren. Es handelt sich dann nicht um ein Muschelgift, sondern um einen Giftstoff des Planktons. In mehreren Vertretern der Gattung *Gonyanlax* wurde ein paralytisch wirkendes Gift Saxitoxin nachgewiesen. An einigen Küsten unseres Kontinents treten besonders in den Sommermonaten die Dinoflagellaten in riesigen Mengen auf. Da sie auch den Muscheln als Nahrung dienen, kommt es hin und wieder zu Massenvergiftungen nach dem Genuß von Muscheln. Die Symptome der Vergiftung: Gefühl der Taubheit, beginnend an den Lippen, mit fortschreitender Lähmung der Finger, Arme und Beine, bis in schweren Fällen der Tod durch Atemlähmung eintritt. Andere Dinoflagellaten der Gattung *Gymnodinium* vergiften bei massenhaftem Auftreten sogar das Wasser und töten somit Fische, Garnelen, Krabben und Muscheln. Es muß sich hier um ein noch stärkeres Gift als das Saxitoxin handeln. Viele dieser Planktongifte müssen noch chemisch und pharmakologisch genauer untersucht werden. Nur soviel ist uns bekannt, daß es sich immer um Nervengifte handelt. Aber nicht alle Vergiftungen durch Muscheln sind so schwer.

Bedeutend leichter ist die Vergiftung mit gastritischen Beschwerden. Nach etwa 10–12 Stunden treten Erbrechen, starker Durchfall und heftige Leibschmerzen auf. Der Betroffene erholt sich in der Regel recht schnell, und die Vergiftung bleibt ohne Folgen.

Es können auch schon wenige Stunden nach dem Genuß von Muscheln allergische Symptome beobachtet werden: Schwellungen, Hautausschlag verbunden mit starkem Juckreiz, erst nur im Gesicht, sich später auf den ganzen Körper ausdehnend, Kopfschmerzen, Entzündung der Augen, leichte Schwellung der Zunge verbunden mit Atembeschwerden und dem Gefühl, daß die Kehle ausgetrocknet ist. Auch hier erholt sich der Vergiftete nach einigen Tagen.

Für all diese Vergiftungen gibt es noch kein Gegengift. Die Anwendung von Medikamenten sollten wir unbedingt dem Arzt überlassen. In schweren Fällen kann künstliche Atmung immer sehr wichtig sein. Auf keinen Fall darf Alkohol getrunken werden.

Die auf den Fischmärkten von den einheimischen Fischern frisch angebotenen Muscheln können wir unbesorgt essen. Man sollte stets darauf achten, daß die Schalenklappen geschlossen sind. Um aber einer Muschelvergiftung vorzubeugen, kochen wir unsere Mahlzeit ca. eine halbe Stunde mit Wasser, dem wir pro Liter einen Eßlöffel Natron zugesetzt haben. Diese Methode sorgt für eine gewisse Entgiftung, allerdings geht dabei etwas der feine Muschelgeschmack verloren. Es ist nicht mög-

Lima ▷

Arca noae

lich zu erkennen, ob gekaufte oder gesammelte Muscheln giftig sind. Sammeln wir unsere Mahlzeit an Muscheln selbst, so sei vor solchen gewarnt, die wir an Stellen finden, an denen das Meer stark verunreinigt ist. Auch Vorsicht bei Muscheln, die an Eisen oder Kupfer festsitzen. Für eine große Zahl von Urlaubern gehört das Sammeln von Muscheln zu den erholsamsten Stunden des Urlaubs.

Eine Haltung von Muscheln *Bivalvia* ist nicht ganz einfach, denn die meisten leben von Plankton und unser Aquariumwasser ist meist sehr planktonarm. Einige Arten können wir über längere Zeit im Seewasseraquarium halten, z. B. die Archenmuschel *Arca noae* und die prächtige Feilenmuschel *Lima scabra* mit langen roten oder weißen Tentakeln. Wird die Muschel erschreckt, so kann sie durch Schalenschläge im Rückstoß rasch davonschwimmen. Die Sandklaffmuschel *Mya arenaria* ist in einem Nordseebecken recht ausdauernd. Muscheln hält man am besten mit anderen planktonfressenden Wirbellosen wie Röhrenwürmern, kleinen Krebsen und Seescheiden zusammen. Verhältnismäßig dankbare Pfleglinge im Aquarium sind die Austern *Ostreidae*. Man achte stets darauf, daß die Auster mit der flachen Schale nach oben im Becken liegt.

Kopffüßer *Cephalopoda*

Zu den Kopffüßern gehören die Tintenfische, die Kalmare und die Kraken, die wir nacheinander kurz beschreiben.

Alle Zehnarmigen Tintenschnecken, zu denen die Mehrzahl der heute lebenden Kopffüßer gehört, sind ausgezeichnete Schwimmer und suchen den Boden nur zum Ausruhen auf. Von den Kalmaren kann man fast sagen, daß sie Dauerschwimmer sind. Während der uns allen bekannte Gemeine Tintenfisch *Sepia officinalis* des öfteren den Boden aufsucht und sich sogar darin eingräbt. Wir finden ihn im Mittelmeer, in der Nordsee und im Atlantik und dort über dem Sandgrund zwischen Algen und Seegras bis nahe der Oberfläche. Der Körper ist etwas abgeplatteter als der der Kalmare. Die Färbung ist sehr variabel. Wir finden gelbgrüne, braune, schwarz marmorierte oder gestreifte Tiere, die Bauchseite ist fast weiß. Den ovalen Körper ziert ein seitlich nach hinten geteilter Flossensaum. Wie die Kalmare haben auch die Sepien auf dem Rücken eine hornige, von Haut überdeckte Schale, Schulp genannt. Dieselbe ist bei *Sepia officinalis* durch Kalkeinlagen etwas verstärkt. Der Schulp ist uns sicher allen als Kalkquelle für unsere Stubenvögel bekannt. Oft finden wir die Schulpe massenweise an den europäischen Küsten angeschwemmt. Sie werden von den Strandsammlern gern gesammelt. Für den Aquarianer sind sie ein vorzügliches Mittel, um die Aquarienscheibe zu reinigen.

Außer den acht kurzen Armen sind noch zwei lange Fangarme vorhanden. Beim Fang der Beute werden die Fangarme vorgeschnellt, während sie sonst eingerollt zwischen den Mundarmen liegen. Wird der Tintenfisch erschreckt oder gar angegriffen, so schnellt er zurück und stößt eine Wolke schwärzlicher Tinte aus, um sich dann hinter der Farbwolke aus dem Staube zu machen. Die Sepiafarbe, aus dem Tintenbeutel gewonnen, wird noch heute in der Aquarellmalerei verwendet. Die Tinte muß eine geruchslähmende Funktion besitzen, denn bei Versuchen konnte man beobachten, daß der Meeraal für einige Zeit sein Wittrungsvermögen verlor, nachdem er in die Tintenwolke hineingeschwommen war. Im ungetrübten Meer findet er dagegen mühelos jedes Versteck der Tintenfische.

In den großen Schauaquarien können wir das herrliche und fast ständig wechselnde Farbspiel der Haut und der Flossensäume beobachten. Besonders prächtig ist dieser Farbwechsel beim balzenden Männchen. Sehr eingehend wurde das Paarungsverhalten des Gemeinen Tintenfisches beobachtet und beschrieben. *Sepia officinalis* heftet seine Eier in kleinen Trauben an Gorgonien und nicht selten an Treibholz. Der aufmerksame Taucher und Schnorchler kann diese Tintenfischeier häufig sehen. Die Länge der Eier beträgt 1–1,5 cm, die Eischale ist durch das Tintensekret schwarzgefärbt.

Aus der Unterordnung der Kalmare *Teuthoidei* sind am bekanntesten die Kalmare der Gattung *Loligo*. Sie sind sehr gewandte Schwimmer, und es ist ein herrlicher Anblick, wenn sie in großen Gruppen in den oberen Meeresschichten in Küstennähe dahinschwimmen.

Die Kraken der Gattung *Octopus* sind ausgesprochen träge Bodentiere. Sie laufen und kriechen mit den langen Mundarmen, und wenn sie aufgestöbert werden, können sie sehr geschickt schwimmen. Es ist schon ein herrlicher Anblick, einen Kraken im Aquarium zu beobachten. Klopfen wir an die Scheibe, so kommt dieser grauweiße Haufen, der zwischen Steinen liegt, plötzlich in Erregung und zeigt einen ständigen Farbwechsel. Der Körper wird dunkel, zeigt helle Flecken und wechselt in rote, gelbliche und blaue Töne über. Plötzlich ist das herrliche Farbenspiel vorbei und der graue Körper sieht nun wie mit kleinen Warzen bedeckt aus. Die mit Saugnäpfen besetzten Arme tasten unruhig hin und her. Das Auffälligste für uns sind die großen, grünlichen Augen. Sie sind in ihrem Bau dem menschlichen Auge sehr ähnlich. Das Auge ist mit Linse, Pupille, Iris und Hornhaut ausgestattet und kann somit scharfe und farbige Bilder sehen. Auch läßt sich das Auge auf verschiedene Entfernungen einstellen und kann somit die Beute oder einen Feind mit dem Blick verfolgen.

Das Nervensystem dieser Kopffüßer ist hochentwickelt. Sie besitzen ein großes, durch eine knorpelige Kapsel geschütztes Gehirn und in den Armen selbständige Nervenzentren. Somit sind sie in der Lage, auf die mit dem Auge aufgenommenen Bilder schnell zu reagieren und können dadurch ebenfalls schnellschwimmende Fische verfolgen.

Sepia officinalis

Kopffüßer ernähren sich von Schnecken, Fischen sowie Krebsen und entwickeln beim Auflauern der Beute eine gewisse Geschicklichkeit. Die Beute wird blitzschnell ergriffen und aus den hinteren Speicheldrüsen wird Gift über das Opfer gespritzt, das die Beute sofort tötet. Nun wird mit dem kräftigen, hornigen Kiefer ein Loch in den Panzer des Krebses gebissen und die Verdauungsflüssigkeit hineingespritzt. Die Körpersubstanz des Beutetieres wird somit vor der Mundöffnung verdaut und nun als flüssige Nahrung vom Kraken eingeschlürft. Bis auf den leeren Panzer des getöteten Krebses wird alles verzehrt.

Alle Kopffüßer sind wenig angriffslustig. Aber in die Enge getrieben, setzen sie sich tapfer zur Wehr und entwickeln dabei je nach Größe eine enorme Kraft. Ist der Gegner zu stark, so versuchen sie, sich geschickt zurückzuziehen, was auf eine gewisse Intelligenz schließen läßt. Der Mensch wird fast nie von Kraken angegriffen, denn er wird ja nicht als Beute betrachtet. Aus reiner Neugier kann es schon mal vorkommen, daß der Krake einen Taucher umklammert, und solch eine Begegnung ist natürlich nicht ganz ungefährlich. Auch beim Waten im seichten Wasser können wir einen Kraken berühren, und er wird sofort unseren Fuß umschlingen. Bei solch unangenehmen Begegnungen sollte man unbedingt Ruhe bewahren und keine hastigen Bewegungen ausführen, denn wenn wir uns still verhalten, was sicher leichter gesagt als getan ist, läßt er in der Regel bald wieder los.

Riesentintenfische der Gattung *Architeuthis* gehören zu den Kalmaren, obschon sie fast immer fälschlich als Riesenkraken bezeichnet werden. Im Jahre 1933 fand man an der Küste Neufundlands einen Riesenkalmar von fast 22 m Länge. Der Rumpf nimmt immer nur ein Drittel der Gesamtlänge ein, der Rest entfällt auf die Fangarme. Riesenkalmare dienen Pottwalen als Nahrung, und so liefern sich die beiden Riesen erbitterte Kämpfe. Das zeigen uns die fast runden Narben auf der Haut von manchen Walen. Die Narben stammen von den mit hornigen Zähnen besetzten Saugnäpfen. Es wurden Narben mit einem Durchmesser von 20 cm gemessen. Wie groß diese Tiere werden, können wir nur vermuten, denn sie leben in den tiefen Wasserschichten. Es ist möglich, daß in der Tiefe des Meeres 30 m lange Riesenkalmare vorkommen. Und somit sind die oft unglaublichen Geschichten über Angriffe und Kämpfe mit Riesenkalmaren nicht alle als phantastische Märchen abzutun.

Das Gift einiger Kopffüßer (Chephalotoxin) ist ein Sekret der Speicheldrüsen mit lähmender Wirkung, das im Speichel der Tiere enthalten ist. Der Speichel von *Octopus, Loligo* und *Sepia* zeigte bei Laborversuchen an Krabben die gleiche lähmende Wirkung. Bei manchen Opfern genügt es schon, wenn sie von dem giftigen Sekret bespeit werden, andere Opfer lähmt erst ein Biß mit dem papageienhaften Schnabel.

Der Blauring-Octopus *Hapalochilaena maculosa* ist sehr gefährlich. Sein Gift lähmt den Menschen für einige Zeit. Es ist unbedingt dafür zu sorgen, daß das Gift aus der Wunde gesaugt und diese mehrmals gut ausgewaschen wird. Wenn nötig, künstliche Atmung einleiten und unbedingt einen Arzt hinzuziehen.

Octopus vulgaris

Nur sehr gereizte oder in Panik versetzte Tiere werden dem Taucher gefährliche Bißwunden zufügen, denn im allgemeinen sind die Kopffüßer friedliche Meeresbewohner. Ein Biß kleiner Kraken ist ziemlich harmlos, und nur sehr empfindliche Menschen spüren außer dem Wundschmerz ein Kribbeln an der leicht geschwollenen Bißstelle. Ernste Folgen stellen sich nach dem Biß fast nie ein. Die Bißstelle schwillt an und blutet ziemlich stark, die nähere Umgebung der Wunde wird gefühllos. Auch dann die Wunde gut auswaschen, heiße Kompressen auflegen und die Wunde desinfizieren.

In Frankreich, Italien und Jugoslawien werden Tintenfische, Kalmare und Kraken als verschiedene, leckere Gerichte in den Restaurants angeboten.

Vielborster *Polychaeta*

Polychaeten sind in Größe und Farbe recht unterschiedlich, einige Exemplare sind farblos, während bei vielen die Farben Rot, Braun und Grün dominieren. Die Borsten des Körpers sind vorwiegend weiß, oftmals schillern sie in allen Farben des Regenbogens. Rund 4 000 bekannte Arten teilen sich in Freilebende Vielborster *Errantia* und Festsitzende Vielborster *Sedentaria* auf.

Viele Borstenwürmer werden von den Fischern gefangen und als Köder benutzt. Die Seemaus *Aphrodita aculeata* wird bis ca. 18 cm lang. Die Borsten auf dem Rücken sind braun bis grau, während sie an den Körperseiten mehrfarbig von goldgelblich bis braun schillern. Wir finden sie im Mittelmeer, Atlantik, in der Nordsee und der westl. Ostsee. Der Köderwurm *Arenicola marina* wird bis etwa 40 cm lang. Den rötlichblauen bis gelbbraunen Körper mit 13 Paar blutroter Kiemenbüschel finden wir im Atlantik, in der Nord- und Ostsee. *Nereis pelagica* wird bis ca. 20 cm lang. Er ist grünlichgelb oder rötlichbraun, manchmal glänzt er metallisch und kommt an den Küsten fast aller Kontinente vor.

In vielen Polychaeten wurden größere Mengen verschiedener Stoffwechselprodukte nachgewiesen. Ob sie eine Bedeutung auf die Toxizität der Tiere haben, ist bis jetzt noch nicht geklärt. Der Feuerwurm *Hermodice caruncculata* wird bis ca. 20 cm lang und lebt auf den Korallenriffen der Bahamas und Westindiens. Die weißen Borsten an den Seiten sind spröde und glashart. Sie brechen deshalb leicht ab und dringen wie feine Nadeln in die Haut. Sofort entstehen ein brennender Schmerz, eine starke Entzündung, Schwellung und Gefühllosigkeit. *Chloeia flava* wird bis ca. 12 cm lang. Wir finden die Art an den Küsten des Pazifischen und Indischen Ozeans. Die glasharten Borsten sind weiß bis leuchtend gelb und enthalten einen noch nicht bestimmten Giftstoff. Mit Leukoplast oder einem anderen Klebeband sollten wir versuchen, die in der Haut steckenden Borsten zu entfernen und danach die Stellen mit Salmiak betupfen.

Einige Borstenwürmer, die als Köder verwendet werden, haben kräftige und scharfe Kiefer, so daß der Biß recht unangenehm ist. Bei *Glycera dibranchiata* sollen im Mund Gifte gebildet werden, die beim Biß Schwellungen und anhaltenden Schmerz erzeugen. Der Schmerz klingt meist nach einigen Stunden ab, kann aber auch länger anhalten. So geben wir erst einmal starke Schmerzlinderungsmittel und waschen die Wunde gründlich aus. Heiße Kompressen unter Zugabe von Magnesiumsulfat zum Wasser sind nie verkehrt. Zur weiteren Behandlung sollte man unbedingt einen Arzt rufen.

Die Schraubensabelle *Spirographis spallanzanii* kann bis etwa 30 cm lang werden. Sie lebt auf festem Substrat in den Küstenzonen des Mittelmeeres und der europäischen Atlantikküste. Die geöffnete Tentakelkrone ist gelb, braun, orangefarben und weiß gemustert. Bei Störungen wird die Kiemenkrone rasch eingezogen, denn am Körper befinden sich Augen, mit denen sie Hell und Dunkel unterscheiden können. Im Aquarium ist die Schraubensabelle recht gut zu halten, sofern die Röhre unverletzt ist. Dort ist die Röhre, ohne sie zu quetschen, so zwischen den Steinen zu befestigen, daß sie frei in das Wasser ragt. Gefressen wird tierisches und pflanzliches Plankton. Schraubensabellen mit entfalteter Tentakel-Krone sind im Aquarium ein herrlicher Anblick.

Stachelhäuter *Echinodermata*

Die Stachelhäuter sind eine sehr alte Gruppe von Meerestieren. Sie ähneln sich alle durch den fünfstrahlig gebauten Körper, der durch ein mehr oder minder starkes Kalkgerüst gestützt wird. Nur in der Form unterscheiden sie sich. Einige sind kugelrund, andere flach sternförmig, einige sehen einer Walze ähnlich und andere einer Blume auf kurzem Stiel.

Dieser Stamm umfaßt fünf Klassen: Seelilien und Haarsterne *Crinoidea,* Seesterne *Asteroidea,* Schlangensterne *Ophiuroidea,* Seeigel *Echinoidea* und Seegurken oder Seewalzen *Holothuroidea.*

Es ist für den Taucher etwas sehr Schönes, Schlangensterne zu beobachten. Sie gleiten über den Boden, indem sie immer zwei Paar Arme wie ein schwimmender Mensch nach vorn schlagen. Der fünfte Arm wird vorn oder hinten nicht bewegt. Haarsterne sind elegante Schwimmer und schwingen die langen gefiederten Arme wie Peitschen auf und ab.

Schlangensterne *Ophiuroidea* sind wohl die beweglichsten unter den Stachelhäutern. Bei den meisten Arten sind fünf lange, dünne Arme von der runden Körperscheibe deutlich abgesetzt. Sie sind sehr zerbrechliche Wesen und werfen oftmals einen Arm ab, um einem Angreifer zu entgehen. Wie bei anderen Stachelhäutern wächst das verlorene Glied wieder nach. Im Meer leben sie meist unter Steinen; einige Arten graben sich in den Sand ein, und nur die Armspitzen ragen heraus, um nach Futter zu greifen. Meist finden wir mehrere Exemplare dicht beieinander, so daß ihre dünnen Arme oft ein riesiges Fangnetz bilden. Über die Giftigkeit der Schlangensterne, zu denen auch die Familie der Medusenhäupter *Gorgonocephalidae* gehört, ist uns fast nichts bekannt. Pharmakologische Untersuchungen ergaben, daß das Sekret aus den Stacheln von *Ophiuroidea* Kleinsäuger lähmt und schließlich tötet.

Im Aquarium sind Schlangensterne recht ausdauernde Pfleglinge. Sofern man gesunde Exemplare bekommt, gewöhnen sie sich schnell an Ersatzfutter. Fangen wir unsere Schlangensterne selbst oder setzen wir sie von einem Becken in ein anderes, müssen wir beachten, daß der Seestern immer mit einem kleinen Behälter aus dem Wasser genommen wird, damit er ständig unter Wasser bleibt und nicht mit der Luft in Berührung kommt. Luft im Körper und Gefäßsystem ist für den Schlangenstern tödlich.

Der helle Schlangenstern *Ophiura albida* hat eine fast kreisrunde Körperscheibe mit einem Durchmesser von etwa 1,5 cm. Die Länge der dünnen Arme beträgt bis etwa 6 cm, sie sind mit kurzen Stacheln besetzt. Wir finden den Schlangenstern auf Sand und Schlick im Mittelmeer, Atlantik, in der Nordsee und westlichen Ostsee. *Ophiura albida* ist ein dankbarer Pflegling im Seewasseraquarium.

Seesterne haben im allgemeinen keine Verwundungsapparate. Das Sekret beim Verdauungsvorgang zeigt giftige Eigenschaften, auch die abgesonderten Magensäfte sollen giftig sein. Einige Arten verfügen aber über Stacheln, z. B. die bis zu 60 cm im Durchmesser großwerdende Dornenkrone *Acanthaster planci.* Das Verbreitungsgebiet reicht vom Roten Meer, Indischen Ozean und dem tropischen Pazifik bis zu den Hawaii-Inseln. Der geschmeidige Körper und die bis zu 21 sehr beweglichen Arme sind dicht mit kurzen dicken Stacheln besetzt. Die Stacheln sind starkgiftige Waffen, und Stiche verursachen sehr schmerzhafte Wunden. Dringt das Gift in die Blutbahn, so sind die Folgen Übelkeit, Erbrechen, Lähmungen und Ohnmacht. Die Wunden heilen sehr schwer. Soweit uns bekannt ist, wurde das Gift erst in den letzten Jahren untersucht und in den chemischen Untersuchungsberichten von Hashimoto erwähnt.

Eine noch größere Gefahr als den Menschen droht den Korallenriffen von *Acanthaster planci*, denn er bevorzugt als Nahrung lebende Steinkorallen *Madreporaria.* Seit einigen Jahren überfallen riesige Mengen dieser Seesterne die Korallenriffe und hinterlassen nackte, weiße Korallenskelette. Besonders gefährdet ist das Große Barriereriff. Meeresbiologen der ganzen Welt sind eifrig bemüht, dem Einhalt zu gebieten, denn das Absterben der Riffe hätte unübersehbare Folgen. Diese große Korallenregion ist in erster Linie eines der wichtigsten und natürlichsten, „Meereslaboratorien" für tropische Meerestiere und Pflanzen. Man forscht dort nach neuen Nahrungsquellen für die Menschen. Der Schwerpunkt der Forschung liegt auf pharmakologischem Gebiet. Es wurden aus einigen Meerestieren schon wertvolle neue Arzneien gewonnen, z. B. Mittel zur Unterstützung bei der Herzchirurgie, gegen Atembeschwerden, um wachsende Geschwülste zum Stillstand zu bringen und für die Geburtshilfe. Hält das Sterben der Riffe durch die Dornenkrone weiter an, wären auch alle weiteren Forschungsprojekte gegenstandslos.

Überfällt ein Eisseestern oder Warzenstern *Marthasterias glacialis* eine Auster oder Muschel, so ist der Kampf schon entschieden. Es wird allgemein angenommen, daß der Seestern die Muschel mit Gewalt öffnet. Das ist aber nach unserer Ansicht nicht möglich, weil der Seestern kein stützendes Knochengerüst hat, um selbst einen derart kräftigen, zweiseitigen Zug auf die beiden Schalenhälften der Muschel ausüben zu können. Vielleicht haben wir uns nicht ganz richtig ausgedrückt, und sicher gibt es einige Angehörige der Familie Asteriiden, denen es doch gelingt, die Muschel nur mit eigener Kraft zu öffnen.

Der Seestern hat sein Opfer erreicht, die Muschel ahnt die Gefahr und schließt sofort die Schalen. Nun rückt der Seestern sich seine Beute gemächlich zurecht, kriecht darüber und umschließt sie mit seinen Armen. Jetzt saugen sich die vielen Ambulacralfüßchen an den Schalen fest und der Seestern bemüht sich mit aller Kraft, die Schalen auseinanderzuziehen. Die Zugkräfte der Seesterne – in Kilogramm umgesetzt – sind recht beachtlich. Aber auch die Kraft der Schließmuskeln der Muscheln ist nicht unbedeutend. Es spielt sich ein lautloser Kampf ab. Es scheint, als seien Schließmuskeln der Muscheln unbezwingbar. Ein Seestern kann sich allerdings Zeit lassen, denn er kann atmen, die geschlossene Muschel dagegen nicht. So ist sie nach einer gewissen Zeit gezwungen, den Schließmuskel etwas zu lockern, um durch einen winzigen Spalt zu atmen. Das ist die Chance für den Seestern, denn trotz all seiner Kraft hat er auf diesen Moment gewartet. Er schiebt nun seine Magenlappen durch diesen kleinen Spalt, und sofort beginnt der Verdauungsprozeß. Die Muschel ist verloren.

Ähnlich ergeht es an Felsen oder Steinen festsitzenden Muscheln. Dort kann der Seestern beide Schalen manchmal gar nicht erreichen. Die festsitzende Muschel pumpt einen ständigen Wasserstrom durch sich hindurch, dem sie Nahrung und Sauerstoff zur Atmung entnimmt. Dieser Wasserstrom ist der einzige Weg, um an den inneren Teil der Muschel zu kommen. Auch in diesem Falle umschließt der Seestern mit den Armen die Muschel derart, daß sie nur noch durch eine kleine Öffnung Wasser einströmen lassen kann. Diesem Wasser fügt er seinen giftigen Verdauungssaft bei, der die Muschel lähmt. Dadurch ist sie nicht mehr fähig, ihre Schalen geschlossenzuhalten. Sie klafft auf, und dem Seestern ist es möglich, den Magen über das schon vorverdaute Fleisch zu stülpen, so daß es als Nahrung aufgenommen werden kann.

Es gibt Seesterne in einer Größe von wenigen Millimetern, andere erreichen einen Durchmesser bis fast einem Meter. Fast alle Seesterne sind herrlich gefärbt. Rot, Grün, Grau, Blau und Violett sind die vorherrschenden Farben. Es würde zu weit führen, hier auf die verschiedenen Strukturen der einzelnen Tiere einzugehen.

Antedon mediterranea ▷

Einige Angehörige der Gattung *Echinaster,* deren Arme mit kleinen Stacheln besetzt sind, sollen giftig sein, z. B. der uns sicher allen bekannte Purpurstern *Echinaster sepositus.* Er erreicht einen Durchmesser bis etwa 30 cm und ist im Mittelmeer und Atlantik beheimatet.

Damit man sich an den Stacheln nicht verletzt, sollte man beim Berühren von Seesternen stets vorsichtig sein. Das in die Wunde eingedrungene Gift bewirkt eine langwierige und sehr schmerzhafte Hautentzündung. Genaue chemische Untersuchungen wurden in den letzten Jahren über das Gift der Arten Dornenkrone *Acanthaster planci,* Warzen- oder Eisseestern *Marthasterias glacialis,* Zangenseestern *Asterias amurensis* und Gemeiner Seestern *Asterias rubens* durchgeführt. Über die Toxine von *Echinaster* liegen noch keine genauen Ergebnisse vor. In den Hautdrüsen erzeugen Seesterne ein schleimiges Sekret, das sie ins Wasser abgeben. Dieses ausgeschiedene Gift ist so stark, daß es Muscheln, Schnecken und Garnelen lähmt.

Einige Seesterne sind ausdauernde und dankbare Pfleglinge für das Seewasseraquarium, z. B. der Mittelmeer- oder Rote Kammstern *Astropecten auranciacus,* Gemeine Seestern *Asterias rubens,* Fünfeck- oder Kleiner Buckelstern *Asterina gibbosa,* Rote Stachelstern *Protoreaster lincki* u. a. In einem alteingerichteten Becken fühlen sie sich am wohlsten, denn sie sind sehr empfindlich gegen Wasserwechsel. Gefressen wird Muschel- und Fischfleisch, aber auch andere tierische Nahrung wird genommen. Fast alle Seesterne sind Räuber, und so werden kleine Tiere und sogar schwächere Artgenossen ebenfalls gefressen.

Der Körper der Seeigel ist fast immer kugel- oder eiförmig, seltener scheibenförmig. Alle sind jedoch mehr oder weniger mit Stacheln versehen. Diese Stacheln sind recht unterschiedlich, lange spitze Nadeln, kurze Keulenform, andere wieder ähneln Borsten mit verdicktem Ende. Sie dienen in erster Linie der Abwehr von Feinden, aber auch der Fortbewegung. Auf ihren Stacheln stelzen die Seeigel dahin, unterstützt von den lang ausstreckbaren Saugfüßchen. Die nächst den Stacheln und Füßchen auffallenden festen Gebilde der Körperoberfläche sind die Pedicellarien. Es sind die auf einem beweglichen Stiel stehenden dreibackigen Zangen, von denen wir in ihrer Funktion vier Arten unterscheiden: Klappzangen, Beißzangen, Putzzangen und Giftzangen.

Die Giftzangen wollen wir etwas näher betrachten. Sie tragen an den Zangenbacken und am Stiel unterhalb der Zangen Giftdrüsen, die sich beim Zubeißen entleeren. Das Gift ist äußerst wirksam. Tropische Seeigel können sogar dem Menschen Schaden zufügen.

Bei den Familien *Echinidae* und *Toxopneustidae* geht die Giftwirkung nicht von den Stacheln, sondern von den Giftzangen aus. Von den Arten *Tripneustes gratilla* und *Toxopneustes pileolus* ist nach Berichten bekannt, daß die Bisse unangenehme Folgen haben. Nach dem Biß spüren wir sofort starke Schmerzen, verbunden mit Atemnot, Lähmung der Zunge, Lippen, Augenlider und Gesichtsmuskeln, ferner eine Kraftlosigkeit in den Beinen. Der Schmerz läßt nach ca. einer Stunde nach, während die Lähmung der Gesichtsmuskeln mehrere Stunden anhält. Die Symptome der Vergiftung sind recht unterschiedlich, denn es kommt darauf an, von wie vielen Giftzangen man gebissen wurde.

Bei Lanzenseeigeln können die Stacheln bis zu 30 cm lang werden. Sie sind nadelspitz, hohl und brechen sehr leicht ab. Dringen sie in die menschliche Haut ein, so spüren wir brennenden Schmerz, und es folgt eine starke Entzündung der Stichstelle. Ob die Nadeln Gift enthalten, können wir nicht mit Bestimmtheit sagen, es ist aber anzunehmen. Im Mittelmeer finden wir den Lanzenseeigel *Cidaris cidaris,* gleichfalls im Mittelmeer und Ostatlantik kommt der Rote Lanzenseeigel *Stylocidaris affinis* vor.

Auch die Haut vieler Stacheln, besonders bei den Lederseeigeln, ist reich an Drüsenzellen, die ein giftiges Sekret absondern. Die Berührung mit den Stacheln ruft Vergiftungserscheinungen hervor.

Im Flachwasser des Indischen Ozeans finden wir den Lederseeigel *Asthenosoma varium* und *A. urens* mit langen Stacheln, die oben eine Verdickung und darüber die nadelfeine Spitze haben. In der Verdickung befindet sich die Giftdrüse. Symptome des Stiches sind heftige Schmerzen, verbunden mit hohem Fieber. Schon bei der leisesten Berührung spüren wir ein

△ *Protoreaster* *Marthasterias glacialis* ▽

△ *Protoreaster* Bauchseite M. *glacialis* Bauchseite ▽

Brennen auf der Haut (Artname urens = brennend). Leider wissen wir immer noch zu wenig über einige Tierarten und so müssen wir annehmen, daß alle Lederseeigel eine ähnliche Giftwirkung haben.

Der Diademseeigel *Centrostephanus longispinus* kommt im Mittelmeer und Atlantik vor. Seine Stacheln werden ca. 9 cm lang, sie sind nadelspitz, brechen sehr leicht ab und sind giftig. Also Vorsicht beim Anfassen, die Hände mit dicken Gummihandschuhen schützen.

Noch giftiger sind die tropischen Angehörigen der Familie *Diadematidae.* Vom Roten Meer bis nach Japan und in der Südsee finden wir *Diadema saxatile.* Er hält sich gern in Scharen auf dem Korallensand auf. Seine feinen spitzen Stacheln werden bis etwa 25 cm lang, brechen bei der zartesten Berührung ab und dringen in die Haut ein, aus der sie nur schwer zu entfernen sind. Die Stacheln sind hohl und mit einer violetten Flüssigkeit gefüllt. Sie dringt sofort in die Stichstelle ein. Die Symptome solch giftiger Stiche sind auch dann brennende Schmerzen und heftige Entzündungen. In schweren Fällen kann es zu Lähmungen des betroffenen Gliedes kommen. Die Schmerzen klingen meist nach einigen Stunden ab, während die übrigen Symptome mehrere Tage anhalten.

Bei Verletzungen durch Seeigel muß man unbedingt versuchen, den Stachel zu entfernen. Man erweitert die Wunde etwas und probiert mit leichtem Druck von unten, ob der Stachel ein wenig aus der Wunde gleitet, so daß man ihn mit der Pinzette fassen kann. Pinzette und Wunde stets desinfizieren. Brennender Schmerz deutet immer darauf hin, daß es sich um eine giftige Seeigelart handelt. Gründliches Auswaschen der Wunde und Verabreichen von Antibiotika sind von Vorteil. Ferner geben wir ein schmerzlinderndes Mittel. Die weitere Behandlung sollte man möglichst einem Arzt überlassen.

Ein Taucher kann beobachten, daß sich zwischen den giftigen Stachelbergen kleine Fische tummeln, z. B. der kleine Kardinalfisch *Cheilodipterus novemstraatus* und der Korallenbarsch *Apogon chrysotaenia.* Es ist noch nicht ganz klar, ob es sich um eine echte *Symbiose* oder um Raumparasitismus handelt.

Der Steinseeigel *Paracentrotus lividus* aus dem Mittelmeer gehört zu den eßbaren Seeigeln. Bei den Seeigeln sind nur die

Gonaden (Fortpflanzungsorgane) genießbar. Sie werden roh gegessen, nachdem sie mit etwas Zitronensaft beträufelt wurden. In anderen Gegenden werden die Eierstöcke in der aufgebrochenen Schale geröstet und warm gegessen. Die Geschlechtsdrüsen vom Steinseeigel sind nicht nur wohlschmekkend, sondern sie gelten sogar auch bei Feinschmeckern als Delikatesse. Auf den Westindischen Inseln werden die Eierstöcke von *Tripneustes ventricosus* meist roh oder geröstet gegessen.

Aber auch als Rührei in der Pfanne gebraten werden sie serviert. Zur Zeit der Geschlechtsreife sind die Gonaden der Seeigel stark vergrößert und werden während dieser Zeit in großen Mengen auf den Märkten angeboten. Im Urlaubsort sollte man sich erkundigen und auch selbst beobachten, was auf dem Markt von den Einheimischen gekauft wird. Nur so ist man sicher, daß auch wir die dort angebotenen Spezialitäten kaufen und ohne Bedenken verspeisen können.

Zur Laichzeit sollen die Eierstöcke der Seeigel giftig werden. Man hat bei den Fischern, die diese Eierstöcke zu jeder Jahreszeit essen, während der Laichzeit häufig Erkrankungen beobachtet. Die Symptome einer solchen Vergiftung nach dem Verzehr der Gonaden sind Erbrechen, Durchfall und starke Kopfschmerzen wie bei Migräne. In schweren Fällen soll es vereinzelt zu Todesfällen gekommen sein. Im allgemeinen verlaufen diese Vergiftungen wie Verstimmungen im Magen- und Darm-Bereich und klingen nach wenigen Tagen ohne weitere Komplikationen ab.

Seeigel gehören zu den Niederen Tieren, die im Seewasseraquarium nicht ganz einfach zu pflegen sind. Das liegt schon daran, daß die Tiere fast immer in schlechter Verfassung beim Händler ankommen. Seeigel, die sich nicht allein umdrehen können, wenn sie auf dem Rücken liegen, sind Todeskandidaten. Das gilt auch, wenn sie die Stacheln verlieren. Man sollte Seeigel niemals aus dem Wasser heben, weil dadurch Luft unter die Schale gelangt und beim Zurücksetzen der Kauapparat vernichtet wird. Die fünf scharfen Zähne werden von einem äußerst komplizierten Kauapparat bewegt. Der römische Schriftsteller Plinius (24–79 n. Chr.) nannte in seiner „Naturalis historia" diese Vorrichtung poetisch „Laterne des Aristoteles".

Viele Algen benötigen Seeigel, pflanzliche Ersatzkost nehmen sie nur zögernd und oftmals gar nicht an. Haben wir das Glück, gesunde Seeigel zu erstehen, und sind ausreichend Algen zum Füttern vorhanden, sind es dankbare Pfleglinge. Aus den Tropen werden nur wenige Arten eingeführt. Ein hübscher Seeigel aus dem Indo-Pazifik ist *Tripneustes gratilla,* die Farbe dieses Seeigels variiert von Violett bis Blaubraun. Unser Pflegling ist ein eifriger Algenfresser, es werden aber auch Wirbellose angegriffen. Tripneustes verfügt über starke Giftzangen, und Garnelen, die ihm zu nahe kommen, werden gelähmt. Darum muß auch der Seewasseraquarianer stets darauf achten, nicht mit den Zangen in Berührung zu kommen.

Der Lanzenseeigel *Dorocidaris papillata* ist ein haltbarer Pflegling. Leider wird er recht selten eingeführt. Sehr lebhafte, aber nicht ganz ungefährliche Pfleglinge sind die Diademseeigel. Da die Stacheln sehr leicht abbrechen, sollte man den Diademseeigel möglichst wenig berühren, denn die abgebrochenen Stacheln werden im Aquarium schlecht regeneriert. Der Steinseeigel *Paracentrotus lividus* erreicht einen Durchmesser bis etwa 8 cm. Bei reichlichem Algenwuchs und ab und zu etwas Muschelfleisch ist dieser Seeigel ein dankbarer Pflegling für den Anfänger, der wirbellose Tiere halten möchte.

Seegurken sind wurstförmige oder einer Gurke ähnliche Tiere, daher auch der Name. Fast alle Holothurien liegen bewegungslos auf dem Meeresboden. Dort durchsuchen sie den Sand und Schlamm nach Nahrung. Wer diese Tiere noch nie gesehen hat, kann sie für Steine oder Pflanzen halten. Wir finden Seegurken in fast allen Tiefen des Meeres. Die Holothurien des Flachwassers sind recht träge Wesen, Seegurken der Tiefsee leben pelagisch und sind stets schwimmend unterwegs.

Vor Angriffen ihrer Feinde sind Seegurken dadurch geschützt, daß ihre Haut einen Giftstoff enthält: Holothurin. Diesen Giftstoff gewann man aus dem Cuvierschen Organ der Seegurke *Actinopyga agassizi.* Dieses Organ ist eine Abwehrwaffe, die aus fadenartigen Schläuchen besteht, die ausgestoßen werden, wenn die Seegurke angegriffen wird. Diese Fäden scheiden ein zähes Sekret aus und bleiben an dem Angreifer kleben. Die Seegurke kann nun ohne Schwierigkeiten entkommen.

△ *Sphaerechinus granularis* *Dorocidaris papillata* ▽

Aber auch der Taucher und Schnorchler sollte beim Aufheben und Betrachten einer Seegurke stets recht vorsichtig sein. Sie könnte sich bedroht fühlen. Drücken oder quetschen wir sie gar, so kann es passieren, daß sie sich in einer Angstkontraktion zusammenpreßt und wir den gesamten Darmtrakt mit Wasserlunge und Schläuchen im Gesicht haben. Dieser herausgeschleuderte Leibesinhalt stinkt entsetzlich und ist mehr als unangenehm. Der tierische Freßfeind – Hummer oder Krabbe – stürzt sich sofort auf die stinkenden Weichteile und läßt den fast leeren Hautschlauch in Ruhe. Mehrere Wochen benötigt die Seewalze dazu, die ausgestoßenen Organe zu ersetzen. Sollte die Seegurke nur die Cuvierschen Fäden bei einer Berührung ausstoßen, sei auch dann Vorsicht geboten. Diese zähen und klebrigen Fäden lassen sich auf das 20–30fache ihrer Länge ausdehnen, ehe sie reißen. Je mehr wir uns anstrengen, diese Masse zu entwirren, haben wir Brille, Schnorchel, Hände und Füße verklebt, und es bleibt uns nur noch die Flucht aus dem Wasser. Verletzen wir uns und das Gift aus den Hautdrüsen gelangt in die Wunde, verspüren wir einen brennenden Schmerz. Es kommt zu einer Hautentzündung. Wir behandeln solche Verletzungen ganz normal, denn sie verlaufen fast immer ohne jegliche Nachwirkungen.

Mit Geduld und etwas Glück können wir beobachten, wie die Holothurie plötzlich ihre ganzen Eingeweide ausstößt. In den ausgestoßenen Körperteilen sehen wir ein schlankes zum Schwanz hin immer schmaler werdendes Fischlein, das langsam davonschwimmt. Es handelt sich um das Nadelfischchen *Fierasfer acus,* und wenn nicht alles täuscht, liegt dieses Fischlein plötzlich hinter einer anderen Holothurie und dringt mit dem Schwanz voran in die Wasserlunge der Seegurke ein. Dieser kleine Schmarotzer sucht nicht nur Schutz in der Seegurke, sondern er frißt auch noch ihre Lungen und Geschlechtsorgane auf. Wird der Holothurie der „Aftermieter" zu lästig, so stößt sie, wie schon erwähnt, das ganze Eingeweide mitsamt dem Fischlein aus. In einigen Tagen bzw. Wochen hat die Seegurke ihre gesamten Organe regeneriert (die Regenerationszeit ist bei den einzelnen Gattungen recht unterschiedlich, etwa 9 Tage bis 3 Monate). Das Vermögen, Körperteile neu zu bilden, ist bei den Stachelhäutern besonders gut ausgeprägt.

△ *Cucumaria tricolor*

Culcita schmideliana ▽

Die Kletterholothurie *Cucumaria planci* und die Wurmholothurie *Leptosynapta inhaerens* finden wir im Mittelmeer, im Atlantik und in der Nordsee.

Das Gift der Seegurken ist in den letzten Jahren genau untersucht worden. Es wurde festgestellt, daß das Gift aus den Cuvierschen Organen mit dem Toxin aus den Hautdrüsen übereinstimmt. Das Holothurin ist für die medizinische Wissenschaft sehr wichtig. Es ist nicht nur ein starkes Herz- und lokales Betäubungsmittel, sondern enthält, wie man weiter feststellte, auch einen die Zellteilung stark hemmenden Wirkstoff. Vielleicht liefert uns das Holothurin eines Tages ein wirksames Mittel gegen den Krebs.

Einige Seegurken werden in großen Mengen gefangen, aufgeschnitten und von Sand und Schmutz gereinigt. Danach werden die Hautschläuche getrocknet und kommen als Trepang in den Handel. Er ist in China, Japan und Australien als Nahrungsmittel sehr begehrt. Trepang ist sehr eiweißhaltig und leicht verdaulich. Er wird auf verschiedene Weise zubereitet. Man nimmt ihn für Soßen, Suppen, bereitet feines Ragout, auch geräuchert wird er angeboten. In Sizilien und an der Adria wird die Königsholothurie *Stichopus regalis* gereinigt, in Stücke geschnitten, paniert, in heißer Asche gebacken und verspeist.

Wird bei der Zubereitung von Trepang nicht sorgfältig auf die Entfernung der Toxine geachtet, kommt es zu Vergiftungen. Die Symptome sind in leichten Fällen mehr oder weniger heftige Magenbeschwerden, in schweren Fällen kommt es zu Lähmungen und zum Tod. Es gibt kein Mittel, das eine zuverlässige Behandlung ermöglicht. Um so erstaunlicher ist es, ja fast unverständlich, daß die Eingeborenen in einigen Gegenden der Südsee die dort vorkommenden Seegurken ganz bewußt reizen, damit sie ihre Innereien ausstoßen, um besonders die Eierstöcke roh oder als Zusatz in Suppen verspeisen zu können. Auf den Marshallinseln werden die gefangenen Seegurken zerquetscht; diesen Brei schüttet man in das Wasser, um die Fische an die Oberfläche zu treiben. Auch in anderen Gebieten nimmt man die Holothurien zum Fischfang. Die Eingeborenen haben keine Angst vor dem Gift, das die Fische tötet oder betäubt. Oft werden die Fische sofort roh verspeist. Danach treten, soweit bekannt, keinerlei gesundheitliche Schäden auf.

△ *Oreaster modosus*

Holothuria ▽

Mehrere Seewalzen sind im Seewasseraquarium dankbare Pfleglinge. Vorsicht beim Einsetzen von Holothurien in ein Aquarium, in dem sich Fische befinden. Es kann passieren, daß durch das ausgeschiedene Gift sämtliche Fische sterben. Bei einigen Arten ist das Gift so stark, daß die Giftwirkung noch wochenlang im Becken anhält, obwohl das Wasser mehrfach gewechselt wurde. Rot- bis blauviolett sind die feinverästelten Mundtentakel von der herrlich blau-, gelb- und rotgefärbten *Paracucumaria tricolor.* Sie ist eine der schönsten und dankbarsten Pfleglinge unter den Holothurien im Aquarium.

Die größte bisher bekannte Seewalze ist *Synapta maculata* von den Korallenriffen des Indopazifiks. Sie ist recht auffällig gefärbt, dunkelgrün oder blaugrau mit hellen und dunklen, meist fünf Fleckenreihen geziert. Bei einem Körperdurchmesser von nur etwa 5 cm erreicht sie eine Länge von ca. 2 Meter. Im Vergleich zu anderen Seewalzen ist sie recht lebhaft.

Echinodermata Stachelhäuter

Name	Verbreitung
***Crinoidea* Haarsterne**	
Antedon mediterranea	Mittelmeer
***Asteroidea* Seesterne**	
Acanthaster planci	Rotes Meer, Indischer Ozean u. Pazifik
Anseropoda placenta	Mittelmeer u. Atlantik
Asterias rubens	Atlantik, Nordsee u. westl. Ostsee
Asterina gibbosa	Mittelmeer u. Atlantik
Astropecten aurantiacus	Mittelmeer u. Atlantik
– jonstoni	Mittelmeer
Coscinasterias tenuispina	Mittelmeer u. Atlantik
Crossaster papposus	Atlantik, Nordsee u. westl. Ostsee
Culcita schmideliana	Indopazifik
Echinaster sepositus	Mittelmeer u. Atlantik
Heliaster helianthus	Pazifik
Henricia sanguinolenta	Atlantik
Marthasterias glacialis	Mittelmeer, Atlantik u. Nordsee
Ophidiaster ophidianus	Mittelmeer u. Atlantik
Oreaster nodosus	Indopazifik
– reticulatus	Florida u. Westindische Inseln
Protoreaster lincki	Indopazifik

Ophiuroidea Schlangensterne

Ophioderma longicauda	Mittelmeer u. Atlantik
Ophiotrix fragilis	Mittelmeer, Atlantik u. Nordsee

Echinoidea Seeigel

Arbacia lixula	Mittelmeer u. Küsten Afrikas
Astenosoma urens	Indischer Ozean
– varium	Indischer Ozean
Centrostephanus longispinus	Mittelmeer u. Atlantik
Cidaris cidaris	Mittelmeer u. Atlantik
Diadema antillarum	Westindien u. Küste Floridas
– saxatile	Indopazifik u. Rotes Meer
– setosum	Indischer Ozean u. Pazifik
Doricidaris papillata	Indopazifik
Echinocardium mediterraneum	Mittelmeer
Echinus acutus	weltweit verbreitet
Eucidaris tribuloides	Atlantik
Heterocentrotus mammillatus	Indopazifik u. Rotes Meer
Lytechinus variegatus	Westindien
Paracentrotus lividus	Mittelmeer u. Atlantik
Spatangus purpureus	Mittelmeer, Nordsee u. europäische Atlantikküsten
Sperosoma giganteus	Küsten Japans
Sphaerechinus granularis	Mittelmeer u. Atlantik
Strongylocentrotus dröbachiensis	Atlantik, Pazifik u. europäische Küsten
– franciscanus	Küsten Kaliforniens
Stylocidaris affinis	Mittelmeer u. Ostatlantik
Toxopneustes pileolus	Indopazifik
Tripneustes gratilla	Indopazifik
– ventricosus	Karibik

Holothuroidea Seewalzen

Actinopyga agassizi	Karibik
Bohadschia subrubra	Indopazifik
Cucumaria planci	Mittelmeer u. Atlantik
Holothuria forskali	Mittelmeer u. Atlantik
– polii	Mittelmeer
– tubulosa	Mittelmeer
Labidoplax digitata	Mittelmeer u. Atlantik
Leptosynapta inhaerens	Mittelmeer, Atlantik u. Nordsee
Paracucumaria (Pseudocolochirus)	
– tricolor	Indopazifik
Psolus squamatus	europäische u. amerikanische Küsten
Stichopus japonicus	tropische Küsten
– regalis	Mittelmeer u. Atlantik
Synapta maculata	Indopazifik

Wirbeltiere *Vertebrata*

Rundmäuler *Cyclostomata*

Die Neunaugen *Petromyzontidae* sind aalartig aussehende Tiere. Zu den sieben Kiemenlöchern treten Auge und Nasenöffnung, so daß es scheint, als hätte das Tier neun Augen. Dadurch ist der Name auch für den Laien leicht verständlich.

Laichreife und im Meer fett gewordene Neunaugen beginnen im Sommer ihre Laichwanderung ins Süßwasser und kommen im Spätherbst oder zeitigem Frühjahr in ihren Laichgebieten an. In der Frühjahrssonne finden sie sich auf kiesigem, steinigem Grund in großen Mengen zusammen. Bis in den Mai werden die Eier in die Nestgruben gelegt. Im Süßwasser wird von den Neunaugen keine Nahrung mehr aufgenommen, und sie sterben nach einmaligem Ablaichen.

Protomyzon marinus

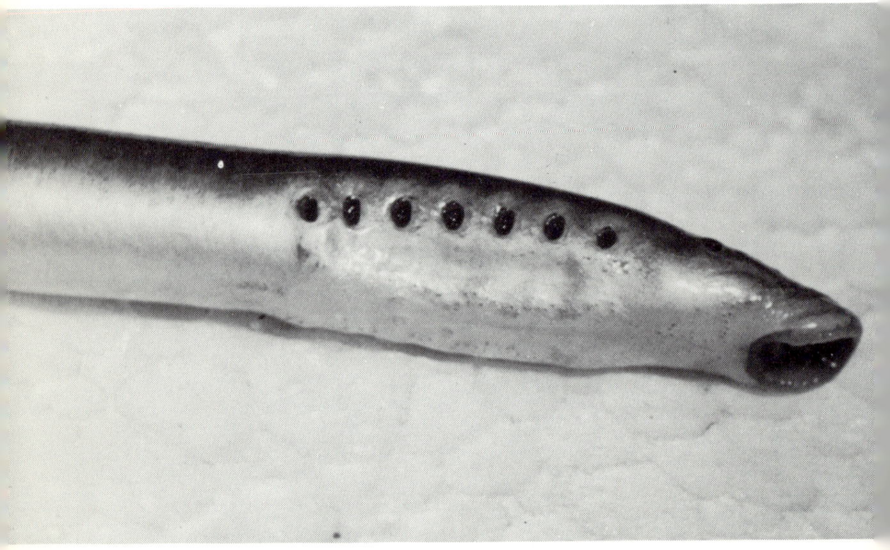

Neunaugen besitzen keine Kiefer, sondern nur einen runden Saugmund, mit dem sie sich an den Fischen festsaugen. Mit der feingezähnten Zunge durchraspeln sie die Haut des Opfers. In der Mundhöhle, neben der Raspelzunge, befinden sich Drüsen, die ein Sekret in die Wunde absondern. Dadurch wird das Gewebe aufgelöst und gleichzeitig die Gerinnung des Blutes verhindert. Ist ein Fisch ausgesaugt, wird das nächste Opfer gesucht. Sie richten somit unter den Fischen großen Schaden an. Das fettreiche Fleisch des Meeresneunauges *Petromyzon marinus* ist sehr wohlschmeckend.

Es wurden wiederholt nach dem Genuß von Neunaugen Vergiftungen beobachtet. Der Giftstoff befindet sich im Hautsekret, aber auch das Blutserum ist giftig. Die Giftwirkung in den Neunaugen ist sehr gering, so daß man sich die schädliche Reaktion nicht erklären kann. Über die Auswirkung der hierfür verantwortlichen Stoffe und deren chemische Eigenschaften ist uns nichts bekannt.

Etwas kleiner als das Meeresneunauge ist das Flußneunauge *Lampetra fluviatilis,* auch Bricke genannt. Nach dem Verzehr treten hin und wieder ebenfalls Vergiftungserscheinungen auf. Vielleicht ist das der Grund, warum man diese vorzüglichen Speisefische fast nie auf den Speisekarten der Restaurants findet. Weder der Aquarianer noch der Taucher wird sich mit Neunaugen näher befassen, und wir haben sie nur erwähnt, weil nach dem Verzehr eine Vergiftung auftreten kann und das Neunauge somit zu den giftigen Tieren des Meeres gehört.

Haie *Pleurotremata*

Unter den ungefähr 320 Haiarten finden wir Exemplare recht unterschiedlicher Länge bis fast 20 m. Einige Arten sind passiv giftig, z. B. der in allen Weltmeeren und auch im Mittelmeer vorkommende Grauhai *Hexanchus griseus.* Sein Fleisch ist sehr begehrt. Trotzdem verursacht das wohlschmeckende Fleisch hin und wieder heftige Durchfälle.

In der Nordsee, im Nordostatlantik und im Mittelmeer finden wir den Kleingefleckten Katzenhai *Scyliorhinus canicula* und den Großgefleckten Katzenhai *Scyliorhinus stellaris.* Sie sollen

Hexanchus griseus

in ihrer Leber Giftstoffe enthalten. Katzenhaie gehören wegen ihrer bizarren, pastellartigen Musterung zu den am schönsten gefärbten Haien und auch zu den harmlosesten aus der großen Familie. In der Färbung werden sie vielleicht nur noch von einigen Angehörigen der Ammenhaie *Orectolobidae* übertroffen. In einigen Mittelmeerländern wird das Fleisch der Katzenhaie gegessen, die Haut wird zum Polieren benutzt. Sonst hat dieser Fisch nur geringen Wert. Zuweilen findet der Strandsammler seltsame, lederartige, kissenförmige Gebilde, an deren Ecken je ein spiralig gedrehter Faden sitzt. Es handelt sich hier um die Eier des Katzenhais. Hält man das Ei gegen das Licht, kann man den *Embryo* gut erkennen. Näheres über Katzenhaieier und die Aufzucht der geschlüpften Haie im Aquarium in „aquaria" Heft 1/65 von J. Zehnder und K. Probst.

Der Große Blauhai *Prionace glauca* zählt zu den Haien, die Menschen angreifen. Doch glauben wir, daß seine Gefährlichkeit etwas übertrieben wird, wie das oft in Reiseberichten festzustellen ist. Das soll jedoch nicht heißen, daß Haie den Taucher oder Badenden nicht angreifen. In Gewässern, in denen Haie vorkommen, ist immer Vorsicht geboten. Der Blauhai erreicht eine Länge von bis zu 4 m und ist in fast allen subtropischen und tropischen Meeren, auch im Mittelmeer, zu finden. Nahe der Oberfläche auf offener See, meist zu mehreren Exemplaren, ziehen sie dahin. In den Sommermonaten kommen sie in die Küstengewässer. Blauhaie sind recht angriffslustig. Im Sommer werden die Jungen geboren, ein Wurf enthält ca. 4–60 Junge. Die Blauhaie sind bei der Geburt bereits 50–60 cm lang. Das Fleisch der Blauhaie wird wenig geschätzt, die Haut wird als Poliermittel verwendet oder zu Leder verarbeitet.

Die Leber des Blauhaies soll giftig sein, auch die des recht häufig an den westeuropäischen Küsten und im Mittelmeer lebenden Hundshaies *Galeorhinus galeus.* Da sein Fleisch nicht sehr schmackhaft ist, hat er keinerlei wirtschaftliche Bedeutung. In den großen Schauaquarien können wir den Hundshai oft bewundern.

Es ist noch nicht geklärt, ob bei manchen Vergiftungen das Fleisch oder die Eingeweide des Blauhaies oder die schnelle Zersetzung des Fisches schuld sind. Die Symptome treten spätestens eine Stunde nach Genuß auf: Erbrechen, starke Kopfschmerzen, heftiges Brennen in Mund und Nase und Jucken der Gliedmaßen. Der Betroffene wird laufend schwächer, die Atmung geht schnell, es tritt eine völlige Entkräftung ein und in schweren Fällen stirbt der Vergiftete im komatösen Zustand.

Kennzeichen der Echten Dornhaie *Squalinae* sind je ein kräftiger Stachel vor den beiden Rückenflossen. Durch den Stich des Stachels gelangt das Gift in die Wunde. Das Gift kommt aus einer kleinen Drüse, die in einer Furche auf der Rückseite des Stachels liegt.

Der Gemeine Dornhai *Squalus acanthias* lebt im Mittelmeer, dem Atlantik und der Nordsee. Das Fleisch des Dornhaies ist sehr begehrt und wird auf den Märkten geräuchert als Seeaal angeboten. Die geräucherten Bauchlappen sind uns allen sicher unter dem Namen Schillerlocken bekannt. Die trächtigen Weibchen ziehen während der Frühlings- und Sommermonate in die Küstengewässer. 4 bis ca. 8 Junge werden nach einer Tragzeit von 18–22 Monaten geboren. Sie sind etwa 20 cm lang. Symptom des Stiches ist starker Schmerz der verletzten Extremität. Der Schmerz hält mehrere Tage an. Solch ein Stich kann auch tödlich enden.

In den tropischen Meeren, außer Mittelmeer und Atlantik, finden wir den Australischen Doggenhai *Heterodontus philippi* und den Kalifornischen Stierkopfhai *Heterodontus francisci.* Auch diese Haie haben vor den beiden Rückenflossen je einen kräftigen Dorn, der gleichfalls sehr schmerzhafte Verletzungen verursachen kann. Der Schwarze Dornhai *Etmopterus spinax* besitzt ebenfalls vor jeder Rückenflosse einen kräftigen Stachel. Er ist einer der kleinsten, im Nordatlantik lebenden Haie, denn er wird selten länger als 50 cm.

Nicht alle Angehörigen der Dornhaie besitzen Giftdrüsen, manche Arten haben nur Stacheln, die dann lediglich Wunden reißen.

Der Grönland- oder Eishai *Somniosus microcephalus* wird wegen seiner Leber gefangen. Man gewinnt daraus gut und gern 100 l Tran, der sehr reich an Vitamin A ist. Das Fleisch wird in manchen Gegenden gegessen. Es muß jedoch vor dem Verzehren gut gewaschen und getrocknet werden, denn es enthält ein starkes Gift, das durch den Dörrvorgang aus dem Fleisch ent-

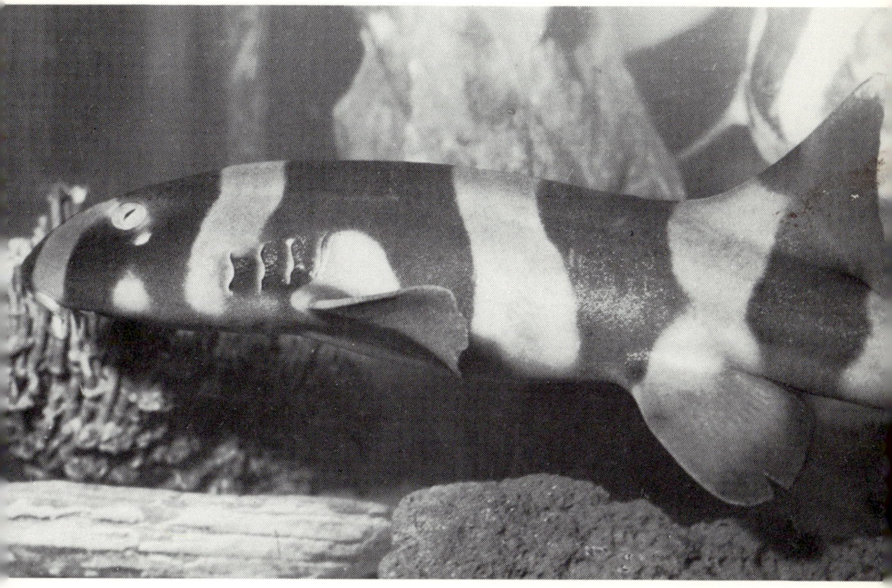

△ *Chiloscyllium griseum* *Scyliorhinus canicula* ▽

fernt wird. Auch dann ist es nur kurz haltbar und für unseren Gaumen auf keinen Fall eine Delikatesse. Bei dem Eishai weiß man genau, daß das Fleisch immer giftig ist. Es führt zu Schwindelanfällen, Sehstörungen, starkem Durchfall und in schweren Fällen zu heftigen Krämpfen mit tödlichem Ausgang. Man beobachtete diese Vergiftungserscheinungen zuerst bei Schlittenhunden, die man mit dem frischen Fleisch des Grönlandhaies fütterte.

Rund 5 bis 7 m lang wird der Weißhai *Carcharodon carcharias*. Er ist in allen Meeren, einzeln oder in kleinen Trupps, im freien Wasser, aber auch in Küstennähe, anzutreffen. Taucht er in den Sommermonaten an der Adria auf, so wird öffentlich vor ihm gewarnt. Aufgrund seiner Angriffslust ist er für Schwimmer und Schnorchler sehr gefährlich. Will man die Ferien mit Tauchen, Schnorcheln oder Baden an einer unbekannten Küste verbringen, sollte man sich bei den einheimischen Fischern erkundigen, ob in dem Gebiet Gefahr von Haien droht.

Haifische sind höchst selten an Sporttauchern interessiert. Das ändert sich aber sofort, wenn der Taucher harpunierte Fische bei sich hat, denn das Blut zieht jeden Hai selbst auf weite Entfernungen an. Darum sollten alle Unterwasserjäger ihre harpunierten Fische stets möglichst schnell aus dem Wasser bringen. Es ist den Haien sicher angeboren, daß alles, was oben schwimmt, für sie immer eine leichte Beute ist. Da es kranke Fische meist zur Wasseroberfläche zieht, betrachtet der Hai sicher auch den Schwimmer und Schnorchler als Beute.

In Gewässern, in denen mit Haien zu rechnen ist, sollte man stets zu zweit schnorcheln oder schwimmen, so daß bei einem eventuellen Haiangriff einer dem anderen helfen kann. Der Schnorchler kann mit Hilfe der Tauchmaske den Hai unter Wasser sehen und so erfolgreicher reagieren als ein normaler Schwimmer. Das Anschreien der Haie unter Wasser und das Kupferazetat als Haiabwehrmittel sind nur bedingt wirksam, denn das Verhalten der einzelnen Haie ist recht unterschiedlich. Die beste Abwehr beim Angriff eines Haies ist der Haistock nach Hans Hass. Es handelt sich dabei um einen ca. 1,30 m langen Stock mit starker Eisenspitze. Werden wir von einem Hai angegriffen, so sollten wir niemals Furcht zeigen, sondern auf den Hai losschwimmen. Noch besser nimmt man

Rückendeckung an einem Felsen und gebraucht nun kräftig den Haistock. Es geht nicht darum, den Hai zu verletzen oder zu töten, sondern ihn zur Änderung seiner Schwimmrichtung zu bewegen, denn Haie sind fast nie zum Kämpfen bereit.

Israelische Meeresforscher beschäftigen sich intensiv mit einer neuen Hai-Abwehrmethode: Moses-Flunder *Pardachirus marmoratus,* Länge 50 cm. Nähern sich Haie den Wissenschaftlern, so ziehen sie sich hinter diese im Verhältnis zu den Haien recht kleinen Fische zurück. Die Haie nähern sich bis auf eine gewisse Entfernung, stoppen plötzlich und schwimmen schnell in die entgegengesetzte Richtung davon. Diese Reaktion der Haie ist leicht verständlich, denn bei Gefahr sondert die Moses-Flunder aus den Flossendrüsen mit dem Hautschleim ein Gift ab. Dieses Gift ist schon in 5 000facher Verdünnung für kleine Tiere tödlich. In stärkerer Konzentration wirkt dieses Blut- und Nervengift auch auf größere Tiere. Dieser Fisch ist für die medizinisch-pharmakologische Forschung äußerst interessant, denn um sich nicht selbst zu vergiften, produziert er ein Gegengift. Dieses Antitoxin schützt sogar gegen andere blutzersetzende Gifte, wie gegen das der Kobra, Korallenotter und der Schwarzen Mamba.

Werden wir trotz aller Vorsicht von einem Hai angefallen und verwundet, so müssen wir sofort das Wasser verlassen (wieder daran denken: Niemals allein tauchen). Die Blutgefäße sofort abbinden, den Verletzten ruhig legen, vor Sonne und großer Hitze schützen und kalte Kompressen auf die Stirn legen. So klingt der Schock, der ja meist viel schlimmer als die Verletzung ist, am besten ab. Auf jeden Fall so schnell es geht einen Arzt hinzuziehen, der die weitere Behandlung übernimmt und die Einweisung in ein Krankenhaus veranlaßt.

Rochen *Rajiformes*

Verbringen wir unseren Urlaub am Mittelmeer oder an der Atlantikküste, so sollte sich der Badende stets vor Augen halten, daß sich Rochen in den Sand eingraben. Auch der Taucher sollte niemals dicht am Boden entlangschwimmen, denn eine Verletzung durch den Stechrochen ist nicht ungefährlich. Fast alle Rochen sind Bewohner der küstennahen Meeresgebiete, abgesehen von einigen Tiefseeformen und den Mantas, die im offenen Meer leben. Es gibt auch einige im Süßwasser lebende Arten.

Der Elektrische Rochen oder Zitterrochen der Familie Echte Zitterrochen *Torpedinidae* kann den badenden Menschen durch die Entladung seiner elektrischen Organe betäuben. Bei unglücklicher Berührung kann der Taucher sogar einen tödlichen Schlag erhalten, denn es entstehen immerhin Spannungen von 20–220 Volt. Schon den alten Griechen war der Zitterrochen gut bekannt, und im alten Rom wurde er gegen Gliederkrankheit verordnet (sog. Elektro-Schocktherapie).

Meist fünf große blaue Flecken, die schwarz und gelb umrandet sind, zieren die hell- bis dunkelbraune Rückenseite der fast kreisrunden Körperscheibe vom Gefleckten Zitterrochen *Torpedo torpedo.* Deutlich von der Körperscheibe abgesetzt ist der kurze Schwanzstiel, der die beiden Rückenflossen trägt. Die Schwanzflosse ist gut entwickelt. Auf jeder Seite der Körperscheibe liegt ein elektrisches Organ, mit dem die Zitterrochen bei Berührung starke elektrische Schläge austeilen können. *Torpedo torpedo* erreicht eine Länge bis zu ca. 60 cm. Auf Sand- oder Schlammgründen im Flachwasser, aber auch bis in 50 m Tiefe können wir ihn finden, selten in größeren Tiefen. Sein Verbreitungsgebiet reicht vom Mittelmeer bis zum Ost-Atlantik und von der Biskaya bis nach Angola.

Der Marmorzitterrochen *Torpedo marmorata* hat einen braun-weiß marmorierten Rücken. Er gleicht in Größe, Form und Lebensweise dem Gefleckten Zitterrochen. *Torpedo marmorata* ist ein Einzelgänger und Nachttier. Im Sand vergraben wartet der Marmorzitterrochen auf Fische und Krustentiere. Er erbeutet sie, indem er sie durch elektrische Schläge betäubt oder tötet. Im Ostatlantik, von Südengland, Frankreich bis Südafrika, aber auch im Mittelmeer ist er zu Hause.

Doppelt so groß wie die beiden zuerst genannten Arten wird der Schwarze Zitterrochen *Torpedo nobiliana* mit einer Länge bis etwa 1,50 m. Die Rückenseite ist einfarbig tief dunkelbraun bis blauschwarz. Die Bauchseite ist weißlich mit dunklen Säumen. Wie seine Verwandten ernährt er sich von Bodenfischen. Es wurden Stromstöße mit einer Spannung bis 220 Volt gemes-

△ *Taenioura lymna* *Dasyatis pastinaca* ▽

sen. Wir finden ihn im Atlantik, bei den Azoren, in Nordafrika und im Mittelmeer.

Die Echten Rochen *Rajidae* finden wir in fast allen Meeren. Der häufigste Vertreter ist der Nagelrochen *Raja clavata;* er ist im Wattenmeer der Nordsee im Sommer regelmäßig anzutreffen, denn es ist Laichzeit. Rücken- und Bauchseite sind mit zahlreichen, stachligen Hautzähnen und zur Körpermitte in Reihen bis zum Schwanz mit großen Dornen besetzt. Die Basalplatten der Dornen sind glatt und ähneln Nagelköpfen. Daher der Name Nagelrochen. Das Weibchen erreicht eine Länge bis etwa 1,25 m, während das Männchen nur ca. 70 cm lang wird. Bei den Hautzähnen handelt es sich um Placoidschuppen, nur sind sie bei den Rochen ungleichmäßig und nicht so dicht über den Körper verteilt, während die Placoidschuppen bei den Haien in schrägen, gleichmäßigen Reihen Kopf, Körper und teilweise die Flossen bedecken. Beim Zitter- und Adlerrochen sowie auch einigen Stachelrochen fehlen die Zähnchen und die Haut ist glatt. Die Nahrung setzt sich aus Bodentieren, Krebsen, Garnelen, Stachelhäutern, Weichtieren und Fischen zusammen. Wir finden den Nagelrochen in allen europäischen Meeren. Bei großen Nagelrochen ist Vorsicht geboten; auch sie teilen elektrische Schläge aus, die aber nicht so stark sind wie die der Zitterrochen.

Mit einer Länge von über 2 Metern ist der Glattrochen *Raja batis* die größte europäische Rochenart. Die Rückseite ist bei den Männchen stachlig, bei den Weibchen ist nur der vordere Teil des Rückens stachlig, und die Oberseite der Jungfische ist glatt. Die Grundfarbe der Rückenseite ist graubraun bis grünlichbraun mit kleinen weißen und dunklen Punkten. Die Bauchseite ist dunkelgrau mit schwarzen Streifen und Punkten. Wir finden den Glattrochen, auch Grau- oder Blaurochen genannt, auf Sand- und Schlammgründen im Nordatlantik von Island und Norwegen bis zur afrikanischen Nordküste, der Nordsee, dem westlichen Mittelmeer und der Adria. Von Sporttauchern wird er nur selten gesehen, denn der Glattrochen ist meist in Tiefen von 30–600 m anzutreffen.

Bei der Familie der Stachelrochen *Dasyatidae* ist der Schwanz fast immer länger als der scheibenförmige Körper. Am Ende des sehr beweglichen Schwanzes sitzt der gezähnte Giftstachel, der eine nicht zu verachtende Waffe ist. Einige Arten können den Giftstachel am Schwanzende ersetzen. Der Schwanz kann wie eine Peitsche geschwungen werden; manche Rochen schlagen ihn seitwärts, andere in Richtung zum Kopf hin. Große Stechrochen sind in der Lage, ihren Giftstachel ohne Mühe durch den Arm oder das Bein eines Schwimmers hindurchzutreiben. Wird der Stachel mit der Giftdrüse unglücklicherweise in den Unterleib eines Tauchers oder Schwimmers geschlagen, so ist der Tod eine unausbleibliche Folge. Die kleinsten Rochen haben etwa 10 cm Durchmesser, Riesenrochen aus den australischen Gewässern erreichen eine Größe bis zu 2 Metern.

Der Gemeine oder Gewöhnliche Stechrochen *Dasyatis pastinaca* ist recht häufig und erreicht eine Länge von 1–2 Metern. Wir finden ihn im Atlantik, im Mittel- und dem Schwarzen Meer. An den Küsten Japans kommt *Dasyatis acajei* vor, der sich durch ansehnliche, nach hinten vergrößerte, an der Mittellinie des Rückens angeordnete Stacheln auszeichnet. An den Küsten des westatlantischen Ozeans bis Brasilien finden wir den Stumpfnasen-Stechrochen *Dasyatis sayi.* Der Runde Stechrochen *Urolophus halleri* sowie alle Stechrochen-Arten, die einen Schwanzstachel haben, sind sehr gefährlich.

Durch die scharfen gezähnten Ränder des Stachels bringt uns der Stechrochen eine sehr häßliche Wunde bei, die in hohem Maße schmerzhaft ist und sehr schwer heilt. In die Wunde gelangt das giftige Sekret und außerdem können mit dem Stachel noch verschiedene Infektionskeime eingeführt werden. Dadurch wird die Heilung der Wunde verzögert, was sich ungünstig auf das Allgemeinbefinden des Verwundeten auswirkt.

Die Giftdrüsen liegen in zwei Gruben, die an dem gefährlichen Dorn entlanglaufen. Ist die Schutzhülle, die den Stachel umgibt, zerrissen, so geht sie mit Haut und Giftdrüsen verloren. So erklärt es sich, warum manche Menschen, die von Stechrochen verletzt wurden, nur eine häßliche Stichwunde davontragen, ohne daß Gifteinwirkung die Sache verschlimmerte. Schon während des klassischen Altertums entstanden um die Stacheln als Verteidigungswaffe viele Legenden. Circe soll ihrem Sohn einen Speer gegeben haben, an dessen Spitze ein Trigon (Dasyatis)-Stachel befestigt war, mit dem er Odysseus, den König von Ithaka, getötet hat.

Der Blauflecken-Stechrochen *Taeniura lymna* ist auf den Sandflächen im Roten Meer und dem Indopazifik beheimatet. Die Rückenseite der fast ovalen Körperscheibe ist bräunlich mit großen leuchtendblauen Flecken. Zu beiden Seiten des langen Schwanzes verläuft ein blaues Band. Der Blauflecken-Rochen ist eine besonders hübsche Art, kleine Exemplare werden ab und zu eingeführt. Da sie langsam wachsen, sind sie für den Aquarianer interessante Pfleglinge. Ein möglichst großes Bekken mit einem Grund, in dem er sich eingraben kann, ist für diesen Stechrochen ideal. Aufbauten aus Steinen und Korallen sind für unseren Pflegling nicht geeignet, denn es besteht für ihn die Gefahr, sich darin zu verklemmen. Befreien wir ihn nicht schnell genug, müßte er verenden. Auch sollte der Rochen möglichst allein gehalten werden, auf keinen Fall mit Drücker-, Doktor- und Schmetterlingsfischen zusammen. Diese Fische schnappen unserem Rochen nicht nur das Futter weg, sondern haben es auch auf seinen Schwanz und die Augen abgesehen. Füttern sollten wir Muscheln, Fischfleisch, Regenwürmer, Tubifex, Garnelen und kleine Fische.

Im Handel werden auch ab und zu außer dem Blauflecken-Rochen kleine Zitterrochen angeboten. Zitterrochen fressen lebende Fische und sind an Ersatzfutter nur sehr schwer zu gewöhnen. Beim Hantieren im Becken müssen wir darauf achten, nicht die beiden Brustflossen gleichzeitig zu berühren, weil wir im selben Moment einen gefährlichen elektrischen Schlag erhalten. Rochen sind etwas ungewöhnliche Pfleglinge, und wir glauben, daß sie sich nur für erfahrene Seewasser-Aquarianer eignen.

Zu den schönsten Rochen gehört der Gefleckte Adlerrochen *Aetobatus narinari.* Er lebt in den flachen, küstennahen Gewässern beiderseits des tropischen Atlantiks. Einige Angehörige der Familie der Adlerrochen *Myliobatidae* werden fast 5 m lang, und so kann man sich gut vorstellen, welch furchtbare Waffe der Stachel sein kann. Er sitzt dicht hinter der Rückenflosse weit vorn auf dem peitschenähnlichen Schwanz.

Eine Gesamtlänge von über 2 m erreicht *Myliobatis aquila,* der Gewöhnliche Adlerrochen. Die Körperscheibe ist fast zweimal so breit wie lang. Hinter der kleinen Rückenflosse sitzen 1–2 Stacheln im vorderen Viertel des langen Schwanzes. Die Rük-

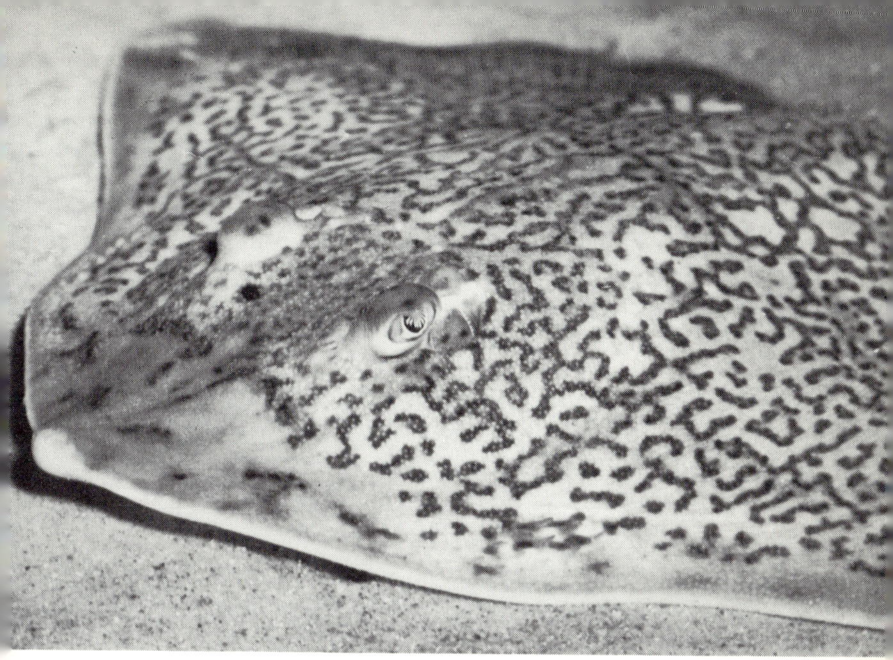

△ *Raja clavata* *Myliopatis aquila* ▽

kenseite ist dunkelbraun bis grauschwarz und zeigt einen grünlichen oder bronzenen Schimmer, der Schwanzstiel ist fast schwarz. Die Bauchseite ist weißlich mit dunklen Flossenkanten. Wenn die Fischer diesen Riesen aus dem Netz ziehen, müssen sie sehr vorsichtig sein, damit sie sich an dem Stachel nicht verletzen. Die italienischen Fischer schneiden den Stachel heraus, bevor sie den Adlerrochen auf den Markt bringen. *Myliobatis aquila* ist ein vorzüglicher Schwimmer, und es ist ein wunderbarer Anblick, wenn er mit elegantem „Flügelschlag", oft dicht unter der Wasseroberfläche, dahinzieht.

In der Bucht von San Francisco finden wir den Stinkrochen *Myliobatis californicus.* Vor Japan ist *Myliobatis cornutus* weit verbreitet. Sein Stich soll sehr gefährlich sein. Fast alle Adlerrochen zeichnen sich durch die flügelartigen Anhänge und den sehr langen Schwanz aus, aber nicht alle besitzen einen Schwanzstachel. Einige Angehörige dieser Familie haben nur einen kurzen Schwanz mit einem gezähnten Stachel und da sie fast alle sehr groß sind, können sie uns mit dem Stachel recht gefährliche Wunden beibringen.

Die Teufelsrochen oder Mantas der Familie *Mobulidae* besitzen zwei sehr bewegliche, nach vorn gerichtete, hornförmige Schädelflossen; sonst ähneln sie den Adlerrochen. Diese Riesen unter den Rochen schwingen wie auf Flügeln in kleinen Trupps unter der Wasseroberfläche. Ständig bewegen sich die langen „Hörner" beim Schwimmen und schaufeln kleine Fische und Garnelen in das breite, weit geöffnete Maul. In hohem Bogen springt er zuweilen aus dem Wasser hinaus und knallt dann laut wie ein Gewehrschuß wieder in das Wasser zurück. Manchmal ruhen sich die Rochen an der Oberfläche im Sonnenschein aus und lassen sich dort treiben. Adler- und Teufelsrochen bringen lebende Junge zur Welt. Adlerrochen werfen ca. 3–7 Junge, das Weibchen des Teufelsrochens bringt immer nur ein Junges zur Welt.

Auch bei den Teufelsrochen finden wir einige Arten mit einem Stachel auf dem Schwanz, bei anderen fehlt er. Beispielsweise besitzt die große, im östlichen Atlantik lebende Art *Mobula mobular* (kommt auch im Mittelmeer vor) zwei, manchmal auch nur einen Stachel. Bei der sehr ähnlich aussehenden, aber kleineren, im Westatlantik lebenden Art *Mobula hypostoma* fehlt der Stachel.

Teufelsrochen sind eher friedlich als angriffslustig zu nennen. Wegen ihrer Größe sollte man sie aber mit dem nötigen Respekt behandeln. Das kleinste Mitglied dieser Familie ist der Australische Zwergteufelsrochen *Mobula diabolis,* der im ausgewachsenen Zustand nur ca. 60 cm Spannweite hat. Ein Riese und Hochseebewohner des tropischen und gemäßigten Atlantiks ist der Teufelsrochen *Manta birostris.*

Über das Gift der Rochen ist nur wenig bekannt. Wir wissen, daß es sich um ein Gift handelt, welches das Kreislaufsystem angreift. Symptome der Vergiftung: Das Herz beginnt unregelmäßig zu schlagen, der Herzmuskel wird manchmal vollständig gelähmt, es können aber auch Schädigungen des Atmungs- und Zentralnervensystems auftreten. Soweit uns bekannt ist, sind Stiche an Gliedmaßen nicht unbedingt tödlich. Leider gilt das nicht für Wunden im Unterleib.

Man sollte dem Verwundeten erst ein starkes Schmerzlinderungsmittel geben. Dann waschen wir die Wunde sorgfältig, notfalls mit Seewasser aus. Gleichzeitig muß der Stachel und vor allem die Haut (Schaftgewebe), die den Stachel umkleidet, sorgfältig entfernt werden. Oberhalb der Wunde können wir das Bein oder den Arm mit einem Gürtel oder einem anderen etwas breiteren Streifen abbinden. Heiße Kompressen oder, wenn möglich, das verletzte Glied in heißes Wasser tauchen, möglichst so heiß, wie der Verletzte es vertragen kann. Wenn man das bis zu einer Stunde Dauer durchhält, werden die Schmerzen gelindert. Etwas Kochsalz können wir dem heißen Wasser zusetzen. Auf keinen Fall dürfen wir Kaliumpermanganat, Ammoniak, Formaldehyd und Eiswasser für die Behandlung verwenden. Das verletzte Glied möglichst immer etwas erhöht lagern. Die weitere Behandlung wie nochmaliges Durchsuchen der Wunde nach Resten des Stachels, Nähen der Wunde und unbedingt eine Injektion gegen Wundstarrkrampf überlassen wir dem herbeigeholten Arzt. Ein spezifisches Gegenmittel gegen das Stechrochengift gibt es zur Zeit noch nicht.

Wie schon erwähnt, graben sich Rochen in den Sand ein. Darum merken wir uns, daß man mit schlurfenden Schritten im Wasser die Rochen auftreibt.

Chimären oder Seeratten *Chimaeridae*

Verschiedene Vertreter der Seeratten haben einen langen Giftstachel in der Rückenflosse. Dieser Stachel ist an seiner Rückseite gesägt, hier liegt auch in einer Vertiefung die Giftdrüse. Die Schmerzen nach dem Stich sollen anhaltend und sehr heftig sein. Über die Giftigkeit des Stiches liegen keine genauen Angaben vor. Das Gift ist biochemisch noch sehr ungenügend untersucht worden. Die toxische Wirkung ruft eine starke Entzündung hervor, in schweren Fällen kommt es zu Lähmungen. Spanische Fischer fürchten den Stich der Chimären, er soll zuweilen den Tod herbeigeführt haben.

Die Spöke *Chimaera monstrosa* ist die häufigste Art in den Gewässern, wir finden sie im Nordatlantik von Norwegen und Island bis Marokko und den Azoren, auch im Mittelmeer kommt sie vor. Sie erreicht eine Länge von knapp 1,50 m. Einen großen Teil davon nimmt der lange Schwanz ein. Diesem fadenförmigen Schwanz verdanken die Chimären den Namen Seeratte oder Rattenfisch.

An der Pazifikküste Nordamerikas bis zum westlichen Alaska finden wir die etwas kleinere Seeratte *Hydrolagus colliei.* Sie

Acipenser sturio

wird nur bis etwa 90 cm groß. In einigen Gegenden kommt sie so zahlreich vor, daß die Netze der Fischer nur mit diesen Fischen voll sind. Rattenfische sind in den großen Schauaquarien selten zu sehen, weil sie trotz bester Pflege immer nur kurze Zeit zu halten sind. Es ist nur sehr wenig über das Verhalten der einzelnen Arten bekannt.

Das Leberöl der Seeratte ist sehr geschätzt, weil es sehr vitaminreich und außerdem ein gutes Schmiermittel für Präzisionsinstrumente ist. Die Leber erreicht etwa ein Drittel des Gesamtgewichtes, ansonsten sind Chimären ohne wirtschaftliche Bedeutung. Die großen Eier der Chimären werden, ähnlich wie bei den Haien, innerhalb des Eileiters befruchtet. Sie sind in einer Hornkapsel eingeschlossen. In Norwegen bereitet man aus den sehr fettreichen Eiern Heilsalben.

Störe *Acipenseridae*

Flüchtig betrachtet erweckt ein Stör mitunter den Eindruck, daß man es mit einem haiähnlichen Fisch zu tun hat.

Kaviar kann man aus dem Rogen vieler Fischarten gewinnen. Der Hauptlieferant des Kaviars ist aber der Stör. Uns sind etwa 20 Arten bekannt, die in Mittel- und Osteuropa sowie in Nordamerika vorkommen. Das Fleisch ist sehr schmackhaft, in Rußland gelten die gesalzenen und gedörrten Rückenteile als Delikatesse. Der russische Name dafür ist Balyk. Balyk hält sich monatelang und wird in Scheiben geschnitten zum Brot gegessen. Die Eier gelangen als Kaviar auf den Markt, Schwimmblasen werden zu Leim verarbeitet, und somit ist der Stör ein Fisch mit großer wirtschaftlicher Bedeutung.

Der Sterlet *Acipenser ruthenus* ist der einzige Stör, der zur Laichzeit nicht vom Meer in die Flüsse wandert. Er lebt ständig in den großen Strömen und den Zuflüssen zum Schwarzen und Kaspischen Meer. Eine Unterart lebt in Sibirien.

Die größte amerikanische Art ist der Weiße Stör *Acipenser transmontanus,* er kann bis zu 4 m lang werden. Die heutigen Umweltbedingungen und das oft schonungslose Wegfangen während der Laichzeit bewirken, daß die Tiere heute bedeutend kleiner bleiben.

Im Kaspischen, Schwarzen und Asowschen Meer kommt der Hausen *Huso huso* vor. Er wird durchschnittlich bis zu 6 m lang und ist somit einer der größten unter den Stören. Von solch einem Riesen kann man bis zu 100 kg Kaviar gewinnen. Kenner dieser teuren Delikatesse behaupten, daß den besten Kaviar der Hausen liefert.

Störe haben Giftstoffe in den Gonaden (Keimdrüsen). Der Giftstoff des Gemeinen Störes *Acipenser sturio* ist das Sturin, aus den Keimdrüsen der Seehasen *Cyclopterus lumpus* wurde Cyclopterin gewonnen. Es handelt sich hier um Stoffe, die zu den Protaminen gehören. Wir haben diese Fische mit erwähnt, weil sie uns als Nahrung dienen. Es wurde nicht festgestellt oder bestätigt, daß das Fleisch der uns als Nahrung dienenden Fische giftig ist.

Das Gift ist fast immer in den Geschlechtsorganen enthalten. So wurde aus der Milch des Lachses ein zur Gruppe der Protamine gehörender Stoff, das Salmin, gewonnen. Die gleichen Eigenschaften zeigt das Acipenserin aus der Milch des Störes *Acipenser stellatus*. Alle diese Protamine zeigen nach der Spaltung die gleichen Endprodukte, das Arginin, das Histidin und das Lysin. Es handelt sich hier um basische Aminosäuren. Und da die Milch von vielen Fischen „gegessen" wird, kann es zu leichten Vergiftungen kommen. Die Symptome sind Übelkeit, Durchfall, in schweren Fällen Atembeschwerden und Schmerzen in der Brust. Aber alle diese Vergiftungserscheinungen sind ohne bleibende Folgen und klingen in der Regel nach einigen Tagen ab.

Grätenfische *Albulidae*

Weltweit verbreitet ist der im Flachwasser der warmen Meere lebende *Albula vulpes*, und in den Gewässern Westindiens finden wir *Dixonina nemoptera*. Sie unterscheiden sich von *Albula* dadurch, daß der letzte Strahl der Rücken- und der Afterflosse zu einem langen Faden ausgezogen sind. Von beiden Arten ist uns bekannt, daß nach dem Genuß Vergiftungserscheinungen wie bei der Krankheit Ciguatera aufgetreten sind. Das Fleisch der Grätenfische ist im Geschmack nicht schlecht, nur die vielen kleinen Gräten sind nicht jedermanns Sache. *Albula* gilt als einer der beliebtesten Sportfische bei den Meeresanglern.

Cyclopterus lumpus

Heringe *Clupeidae*

Wer das Glück hatte, bei einem Tauchgang einen Schwarm von Heringen oder Sardinen zu beobachten, wird diesen herrlichen Anblick, die Anmut und Harmonie der Bewegungen nicht so schnell vergessen. Der Atlantische Hering *Clupea harengus* ist herrlich gefärbt, der Rücken blaugrün mit rötlichem oder violettem Schimmer, die Seiten und der Bauch silbrig mit bläulichem und goldenem Schimmer und die Schnauze tief dunkelblau. Wir glauben, daß es nur wenige Menschen gibt, die einen lebenden Hering im freien Wasser gesehen haben. Auch in den Schauaquarien sieht man ganz selten Heringe. Gehen beim Fang mit dem Netz nur einige Schuppen verloren oder werden die empfindlichen Kiemen für einen kurzen Moment der Luft ausgesetzt, so stirbt der Hering sehr rasch. Aber dank der Erfahrungen im Wilhelmshavener Aquarium ist es in neuester Zeit möglich geworden, in den Binnenlandaquarien kleine Heringsschwärme zu zeigen, die sich gut eingewöhnt haben.

Man unterscheidet eine Anzahl »biologischer Gruppen«, getrennt durch verschiedene Laichzeiten, Laichplätze und Laichbedingungen. Auf dem Markt finden wir den „grünen" Hering, den Frischhering. Der geräucherte Hering wird Bückling, der gesalzene und geräucherte Hering Lachshering und der ausgenommene, entgrätete und eingelegte Hering Bismarckhering genannt. Als Matjeshering bezeichnet man den jungen Hering, der noch nicht reif war, also vor der ersten Laichablage gefangen wurde. Ein halber eingelegter Hering, um etwas Gurke gewickelt und mit einem Zahnstocher zusammengehalten, ist der bekannte Rollmops. Es gibt noch viele Heringsspezialitäten, und alles zeigt uns, wie groß die wirtschaftliche Bedeutung dieses Fisches ist.

Die Indische Alse *Tenualosa ilisha* (Synonym *Clupea ilsha*) finden wir im Roten Meer, Arabischen Golf und im Indischen Ozean. Auf den Märkten von Kuwait ist dieser Fisch einer der häufigst angebotenen Clupeiden. Während der Fortpflanzungsperiode ist er giftig. Auch die Fadenflossige Alse *Nematalosa nasus* (Synonym *Clupea thrissa*) ist während dieser Zeit stark giftig und wird dann auf einigen Märkten nicht zum Verkauf angeboten. In den Buchten und Lagunen des indopazifischen Raumes ist sie zu Hause. Die im Indischen Ozean lebende Art *Clupea venenosa* soll in ihrem Körper einen Giftstoff enthalten.

Aus dem Hering *Clupea harengus,* im Atlantik vorkommend, gewann man das Clupein=Clupeiformin. Es ist eines der bekanntesten Protamine aus Heringssperma. Und da Milch und Rogen vom Hering gegessen werden, kann es zu Vergiftungen kommen. Das Clupein ist ein Gemisch nahe verwandter Eiweiße und besteht aus 30 Aminosäuren, davon 21 Arginin, 3 Serin, 2 Alanin, 2 Valin und 2 Prolin.

Auch einige Sardellenarten können zeitweise zu Erkrankungen führen, wie zum Beispiel die Japanische Sardelle *Engraulis japonicus.* Sie bewohnt den Nordteil des Stillen Ozeans.

Korallenwelse *Plotosidae*

Das Verbreitungsgebiet der Korallenwelse sind die flachen Küsten- und Riffgewässer des Indischen und Stillen Ozeans. *Plotosus anguillaris* erreicht eine durchschnittliche Länge von etwa 30 cm, in einigen Gegenden soll er bis zu 70 cm lang werden. Es gibt ca. 24 Arten in dieser Familie. Ob sie alle giftig sind wie *Plotosus anguillaris,* ist nicht genau bekannt. Die erste Rückenflosse ist schmal und hoch mit gezähntem Stachel. Dieser Stachel besitzt an der Basis wie die Stacheln der Brustflossen Giftdrüsen. *Plotosus anguillaris* ist fähig, mit diesen Stacheln außerordentlich schmerzhafte Wunden zu reißen. Und da die Stachelstrahlen mit giftigem Schleim überzogen sind, kommt es zusätzlich zu einer schweren Vergiftung. Es treten sehr starke Schmerzen auf, die Stichstelle schwillt heftig an und der Verletzte bekommt mitunter hohes Fieber. Selten gehen die Verletzungen durch den Korallenwels tödlich aus. Meist klingen Entzündung, Schwellung und Schmerzen nach einigen Tagen, oft auch erst nach mehreren Wochen ab. Bis zum Eintreffen des Arztes sollten wir den Verletzten so behandeln, wie wir es bei einer Stechrochenverletzung tun würden. Über den chemischen Charakter der giftigen Stoffe ist wenig bekannt. Es dürfte sich auch hier um proteinartige Substanzen handeln. Da sich die Fische in den flachen Wasserschichten der Küste aufhalten, sind sie nicht nur eine Gefahr für den Schnorchler und den Taucher, sondern auch für den Strandsammler. In vielen Gegenden wird *Plotosus anguillaris* trotz der giftigen Stacheln als Speisefisch sehr geschätzt.

Plotosus anguillaris

Im Handel werden für den Seewasseraquarianer fast ständig Korallenwelse angeboten. Wollen wir diese Fische pflegen, benötigen wir ein Becken mit ausreichendem Schwimmraum und einigen Versteckmöglichkeiten. In ihrem Verbreitungsgebiet leben die Jungfische in großen und kleineren Schwärmen zusammen. Und so sollten wir auch immer einen kleinen Schwarm zusammen pflegen. Korallenwelse sind gut zu halten, denn gefressen wird fast alles, was ihnen an tierischer Nahrung geboten wird. Da unsere Pfleglinge ständig hungrig sind, sollten wir sie mehrmals am Tage füttern. Besonders gern wird gehacktes Garnelen- und Muschelfleisch genommen. Gegenüber anderen Mitbewohnern im Aquarium sind Korallenwelse recht friedlich. Bei guter Pflege wachsen unsere Korallenwelse schnell heran. Mit zunehmendem Alter verlieren die Tiere ihre schöne Färbung, verstecken sich tagsüber und sind nur noch während der Nacht aktiv. Es ist wohl immer noch nicht genau geklärt, ob *Plotosus anguillaris* vielleicht doch mit *Plotosus lineatus* identisch ist.

Wir möchten den Seewasseraquarianer nochmals vor den Stacheln warnen, denn eine Verletzung kann – wie schon erwähnt – unangenehme Folgen haben. Die Korallenwelse sollten wir nie mit dem Netz fangen, sondern ein Gefäß oder einen Plastikbeutel nehmen, damit wir die Haut an den Stacheln nicht verletzen; sie könnten daran eingehen.

Aale *Anguillidae*

Aale finden wir im Atlantik, in der Ostsee und in den Binnengewässern Europas. Sie haben ein giftiges Blutserum; auch die Larven sollen einen Giftstoff im Körper enthalten. In den Muskeln erwachsener Tiere konnten ebenfalls toxische Substanzen nachgewiesen werden.

Das Blut enthält ein gefährliches Nervengift; da man sich bei Tauchgängen leicht verletzen kann, ist äußerste Vorsicht beim Umgang mit harpunierten Aalen geboten. Wenn das giftige Blut des Tieres in eine Wunde gerät, gibt es eine sehr böse Vergiftung. Dasselbe gilt beim Zerlegen des Tieres. Sehr vorsichtig sollte man beim Umgang mit dem Messer sein, an dem noch Aalblut vorhanden ist. Hat man Wunden an den Händen, sind Gummihandschuhe zum Schutz gegen das Aalblut sehr zu empfehlen.

Beim Kochen oder Räuchern wird das Gift vollkommen zerstört. Das ist sehr beruhigend, denn der Aal ist ja ein vorzüglicher Speisefisch.

Muränen *Muraenidae*

In den tropischen und subtropischen Gewässern finden wir etwa 120 verschiedene Arten. Die meisten erreichen eine Länge bis zu 1,50 m. Es gibt aber auch größere Exemplare. Muränen leben tagsüber meist in Felsspalten oder Höhlen zurückgezogen. Sie kommen erst in der Dämmerung aus ihrem Versteck hervor und gehen dann auf Nahrungssuche.

Die Mittelmeer-Muräne *Muraena helena* kann mit ihren spitzen Zähnen recht kräftig zubeißen. Sie schießt plötzlich aus dem Versteck hervor und verwundet oft die nach Schwämmen tauchenden Fischer. Es kann vorkommen, daß der Taucher bei seinen Tauchgängen keine Muräne sieht. Aber die finsteren Felsspalten sollte er tunlichst meiden, um die Muräne in ihrer Höhle nicht zu reizen.

Muränen werden in vielen Teilen der Welt gefangen und als Speisefische verwertet. Schon im alten Rom gehörte die Muräne zu den höchstbezahlten Delikatessen. Man legte Buchten im Meer an und züchtete in diesen Teichen Muränen mit viel Sorgfalt. An der Riviera gelten sie heute noch als Leckerbissen.

Während der Regierungszeit Cäsars betrieb C. Hirrius eine Muränenmästerei. Er hielt die Fische in großen Becken. Zu einem Festmahl soll besagter Händler 6 000 Muränen geliefert haben. Als Lucullus starb, soll er in seinen künstlich angelegten Seewasserbassins seinen Erben Fische im Wert von mehreren Millionen Sesterzen hinterlassen haben. Mit dem Zerfall des Römerreiches geriet auch die Muränenzucht in Vergessenheit. Die Römer sind mit ihren Muränenbecken jedenfalls die Erfinder der ersten Aquarien in Europa.

Das schmackhafte Fleisch kann jedoch, wie bei der Ciguatera durch tropische Fische, zu bestimmten Zeiten oder bei Muränen an bestimmten Orten giftig sein und dann heftige Magenkrämpfe und nervöse Störungen verursachen, die vermutlich indirekt durch gewisse Blaualgen hervorgerufen werden. Ferner wurden in Leber und Muskeln Giftstoffe nachgewiesen. Auch das Blut der Muränen ist giftig wie das der Aale.

Einige Arten sind außerordentlich giftig, und zwar so stark, daß etwa 10% der bekanntgewordenen Fälle von Muränenbissen mit dem Tod endeten. Nach Untersuchungen des russischen Forschers E. N. PAWLOWSKY sondern die einzelligen Drüsen in der Gaumenschleimhaut ein giftiges Sekret ab, das durch den Biß in die Wunde des Opfers gelangt. Die Annahme, daß die Zähne der Muränen direkt mit Giftdrüsen in Verbindung stehen, ist zwar allgemein verbreitet, stimmt aber nicht.

Ein Unterwasserjäger, der mit der Harpune die Muräne nicht tödlich getroffen hat, muß sich auf einen harten Kampf gefaßt machen. Muränen entwickeln eine ungeheure Kraft und sind äußerst zäh. In Schauaquarien können wir oft Muränen bewundern. Viele Menschen behaupten, sie hätten einen bösen Blick, aber so etwas hört man ja auch oft über Schlangen, und die Muränen haben etwas Schlangenähnliches an sich.

Recht lebhaft sind einige Angehörige der Familie gefärbt, zum Beispiel die Drachenmuräne *Muraena pardalis.* Sie lebt im tropischen Pazifik. Gleichfalls sehr schön gefärbt ist die aus dem Indischen Ozean stammende Netz- oder Leopard-Muräne *Lycodontis favagineus.* Auch die Zebra-Muräne *Echidna zebra* zeigt eine sehr schöne Streifenzeichnung. Die Blaue Nasenmuräne *Rhinomuraena ambonensis* wird bis zu 100 cm lang. Die Grundfarbe von Kopf und Körper ist ein herrliches Blau, die Rückenflosse ist kräftig gelbgefärbt. In der Gefangenschaft

---

Seite 93 oben: Zu spät hat sich der Igelfisch aufgeblasen, zu spät bemerkt die Muräne, wie unverdaulich die Beute ist. Dieses Drama ereignete sich nicht im Aquarium, sondern im Saumriff vor Mombasa. Die Muräne schnappt zu, sie bekommt die große Beute nicht richtig zu fassen. Auch der Igelfisch möchte sich wieder befreien, aber die Dornen im Maul der Muräne sitzen wie Widerhaken, und so bleiben alle Befreiungsversuche vergeblich. Jäger und Beute finden den Tod. Und die Flut spülte das Ende des Dramas aufs Riffdach.

Echidna zebra ▽

wird die blaue Körperfarbe allmählich schwarz, die Rückenflosse bleibt gelb. Die beiden Nasenlöcher gehen in ein blattartiges Hautgebilde über, der Außenrand weist einige Zacken auf. Den Oberkiefer ziert eine kleine Bartel, der Unterkiefer hat drei Barteln.

Muränen sind im Aquarium gut zu pflegen. Wichtig ist ein Bekken, das ihrer Größe entspricht. Ferner müssen wir für Höhlen und Spalten sorgen, denn sie lieben Verstecke. Es lassen sich auch verschiedene Arten mit ungefähr gleicher Größe in einem Becken halten. Wie bei allen Raubfischen ist die Fütterung kein Problem. Gefressen werden Fischfleisch, Schnecken, Rinderherz, Miesmuschelfleisch und Leber. Das Futter reicht man mit einem gespaltenen Bambusstab oder einer langen Pinzette. Der Aquarianer sollte bei Arbeiten im Becken stets vorsichtig sein, denn ein Muränenbiß hat immer unangenehme Folgen.

Wir geben dem Verletzten erst ein Schmerzlinderungsmittel, dann saugen wir die Wunde aus. Besser ist es aber, die Wunde gründlich mit Wasser auszuspülen. Danach verabreichen wir ein Antibiotikum, um eine Wundinfektion zu vermeiden. Die weitere Behandlung überlassen wir einem Arzt.

Gelangt das Gift beim Biß in die Blutbahn, haben wir es mit einer aktiven Vergiftung zu tun. Eine passive Giftwirkung tritt nach dem Verzehren von Muränen auf. Muränen sind also aktiv und passiv giftig.

Meeraale *Congridae*

Auch die Meeraale verfügen über ein giftiges Blutwasser. Der bekannteste Vertreter dieser Familie ist der Meeraal *Conger conger.* Er kann bis zu 3 m lang werden und ist fast ein „Weltbürger". An Felsküsten, aber auch über Sandgründen im Atlantik, der Nordsee, dem Mittelmeer u. a. finden wir den Meeraal. Über die Fortpflanzung ist wenig bekannt. Man vermutet, daß im offenen Meer abgelaicht wird. Nach Berichten von Fischern soll man noch nie laichreife Meeraale gefangen haben. Im Gegensatz zum Flußaal wird der Meeraal niemals im Süßwasser angetroffen. Wir finden den Meeraal im oberflächennahen Wasser und bis in etwa 1 000 m Tiefe. In der Antike war er ein sehr geschätzter Speisefisch. Heute ist sein Fleisch weniger begehrt, denn es ist sehr grätenreich. Solch ein Riese kann verständlicherweise sehr kräftig zubeißen, und dann entstehen recht gefährliche, schmerzhafte und sehr langsam heilende Wunden.

Wir geben nach einem Biß zuerst ein starkes Schmerzlinderungsmittel, dann waschen wir die Wunde mit Salzwasser gründlich aus. Ferner verabreichen wir ein Antibiotikum gegen eine Wundinfektion und überlassen die weitere Behandlung dem herbeigeholten Arzt.

Vor dem giftigen Blutwasser schützen wir uns, indem wir beim Harpunieren oder Zerlegen des Meeraales Handschuhe tragen und stets darauf achten, daß kein Blut in eine Wunde, welche uns vielleicht nicht beachtenswert erscheint, gelangt. Sonst kann es zu einer schweren Vergiftung kommen.

Schlangenaale *Ophichthyidae*

Die Schlangenaale sind eine große Familie mit etwa 200 Arten; es handelt sich um schlanke, langgestreckte Fische. Wir finden sie in der Nähe der Küsten auf sandigem Boden von tropischen und subtropischen Meeren. Der Schnorchler oder Taucher wird sie aber selten sehen, weil sie sich tagsüber fast immer im Sand oder Schlick verstecken. Mit dem flossenlosen, starken, dornartigen Schwanz können sie sich bei Gefahr blitzschnell in den Sand einbohren. Einige Arten dieser Familie haben eine sehr schöne Fleckenzeichnung. Der Ringelaal *Leiuranus semicinctus* stammt aus dem Indopazifik. Die Grundfarbe dieses schlanken Fisches ist ein zartes Gelb, den Rücken und die Seiten zieren etwa 20–40 schwarze Sattelflecke. Den Perlen-Schlangenaal *Myrichthys maculosus* erkennt man an den drei Reihen mit etwa 20–30 dunkelbraunen runden Flecken. Auf jeder Körperseite verläuft eine Fleckenlinie, die dritte ziert den Rücken. Der Perlen-Schlangenaal erreicht eine Länge bis ca. 80 cm, sein Wohngebiet ist der Indopazifik.

Kleine Fische, Garnelen und Krebse bilden die Nahrung der Schlangenaale, die sehr kleine Zähne besitzen. Einige Angehörige der Familie haben ein giftiges Blutserum. Auch der Biß ist giftig und kann zu sehr schmerzhaften Entzündungen führen.

Verletzungen durch einen Biß und in Wunden gelangtes Blut behandeln wir wie Verletzungen von Aalen, Muränen und Meeraalen. Es handelt sich bei diesen Tieren um ein starkes Toxin, daß auf die Erythrozyten (rote Blutkörperchen) auflösend wirkt. Wie bei den Aalen schon erwähnt, wird dieser Giftstoff beim Kochen zerstört.

Trompetenfische *Aulostomidae*

Trompetenfische finden wir in den Korallenriffen, in denen auch die Pfeifenfische und Flötenmäuler *Fistulariidae* zu Hause sind, im Atlantik, Pazifik und Indischen Ozean. Der lange Körper ist seitlich etwas zusammengedrückt, Rücken- und Afterflosse liegen weit hinten. Vor der Rückenflosse sind mehrere, einzeln freistehende Stachelstrahlen bis zur Körpermitte verteilt. Die röhrenförmige Schnauze dehnt sich beim Öffnen trompetenartig aus, daher sicher der Name Trompetenfisch. Unter dem Kinn befindet sich eine Bartel. Trompeten- und Pfeifenfische sind in Gefangenschaft sehr schwer zu halten und, soweit uns bekannt ist, selten oder gar nicht eingeführt worden. Auch in den großen Schauaquarien sieht man selten Trompetenfische.

Bis etwa 50 cm lang wird der Indische Trompetenfisch *Aulostomus chinensis,* er ist im Indopazifik weit verbreitet. In seiner Leber konnte ein Giftstoff nachgewiesen werden. Da Trompetenfische für uns ohne wirtschaftliche Bedeutung sind, haben wir sie hier nur erwähnt, weil sie zu den passiv giftigen Fischen gehören.

Hornhechte *Belonidae*

Mit etwa 60 Arten sind die Hornhechte über fast alle tropischen und gemäßigten Meere verbreitet, nur einige leben im Süßwasser. Der bekannteste Vertreter ist der bis zu 90 cm langwerdende Europäische Hornhecht *Belone belone,* den wir im Mittelmeer, im Atlantik, in der Nord- und Ostsee finden. Hornhechte sind Schwarmfische der offenen See; im Sommer und Herbst halten sie sich auch in Küstennähe auf. Im Mittelmeer kann der Schnorchler und Sporttaucher sie dann unter der Wasseroberfläche beobachten, wenn sie in kleinen Trupps umherschwimmen. Es sind sehr scheue Tiere, die bei Annäherung sofort die Flucht ergreifen. Die Fortpflanzung erfolgt während der Sommermonate in den küstennahen Gewässern.

Das Fleisch der Hornhechte ist sehr schmackhaft. Da die Gräten aber beim Kochen grün werden, wird er fast überall als Speisefisch abgelehnt. In den Eingeweiden von *Belone platyura* konnte ein Giftstoff nachgewiesen werden. Die Vergiftungen sind ohne ernste Folgen, lediglich Erbrechen sowie starker Durchfall können auftreten, und in schweren Fällen kann es zu Atembeschwerden kommen. Nach einigen Tagen sind die Symptome vollständig verschwunden.

Halbschnabelhechte *Hemirhamphidae*

Im tropischen und gemäßigten Atlantik finden wir den Großen Halbschnabelhecht oder Brasilien-Halbschnäbler *Hemirhamphus brasiliensis.* Zur gesamten Familie gehören ca. 70 Arten, der größte Teil lebt im Meer, einige Arten finden wir auch im Süßwasser. Halbschnabelhechte erreichen eine Länge bis etwa 30 cm, sie sind leicht an den beiden ungleichen Kiefern zu erkennen. Je nach Art ragt der Unterkiefer weniger oder mehr, aber immer deutlich sichtbar unter dem kürzeren Oberkiefer hervor. Fast alle Halbschnabelhechte halten sich an der Wasseroberfläche auf und versuchen Sprünge aus dem Wasser, ähnlich denen der „Fliegenden Fische". Einer der größten aus der Familie ist der Halbschnabelhecht *Euleptorhamphus viridis,* er lebt im Pazifik und erreicht eine Länge von ca. 45 cm.

Aus der Muskulatur von *Hemirhamphus satoator* konnte ein Giftstoff isoliert werden. Über die Pharmakologie des Giftes ist uns nichts bekannt.

Barrakudas *Sphyraenidae*

Im Atlantik und im Pazifik finden wir den Großen Barrakuda *Sphyraena barracuda.* Gleichfalls im Atlantik und im Mittelmeer ist der Europäische Barrakuda *Sphyraena sphyraena* beheimatet, er wird etwa einen Meter lang. Alle Barrakudas besitzen sehr scharfe Gebisse mit starken Fangzähnen und können somit riesige Wunden reißen, so daß fast immer die Gefahr des Verblutens besteht. Barrakudas hinterlassen eine tiefe Wunde mit glatten Rändern, während Haie ihr Opfer regelrecht zerfleischen.

Besonders in Florida, aber auch in vielen anderen Gegenden, fürchtet man die großen Pfeilhechte, denn sie sind furchtlos und äußerst neugierig. Sie folgen einem Schnorchler oder Taucher oft lange Zeit, und ganz plötzlich greifen sie ohne jeden Grund an. Leider lassen sie sich weder von Schreien noch durch heftiges Schlagen auf das Wasser vertreiben, was bei einigen Haien genügt, die dadurch oftmals die Flucht ergreifen. Außerdem sind Barrakudas so schnell, daß es fast unmöglich ist, ihr Nahen zu bemerken, geschweige ihnen auszuweichen.

Sphyraena barracuda

Alle uns bekannten 20 Arten sind ausgezeichnete und schmackhafte Speisefische. Zu gewissen Jahreszeiten kommt es nach dem Genuß des Fisches zu ciguateraartigen Vergiftungen. Oft sind die Vergiftungen von schweren Lähmungen und tiefer Bewußtlosigkeit begleitet, es soll schon Todesfälle gegeben haben. Dieses noch nicht genau analysierte Gift gelangt sicher durch die Nahrung in den Raubfisch. Der Mageninhalt zeigte bei Untersuchungen von P. DE SYLVA, daß etwa 58% Puffer- und andere Giftfische im Magen der Barrakudas vorhanden waren. Diese Giftfische fressen in erster Linie planktonische sowie am Boden liegende Algen und tragen so zur Giftigkeit der Pfeilhechte bei.

Der Pazifische Barrakuda *Sphyraena argentea* ist im südlichen Kalifornien einer der wichtigsten Fische auf den Märkten.

An der Floridaküste ist das Angeln von Barrakudas ein beliebter Sport.

Husaren- und Soldatenfische *Holocentridae*

Weltweit in allen tropischen Meeren verbreitet sind die Husaren- und Soldatenfische mit etwa 70 Arten. Der Schnorchler und Taucher wird sie tagsüber selten zu Gesicht bekommen, denn sie sitzen in ihren Verstecken unter Korallen und gehen erst nachts auf Nahrungssuche. Die größte Gattung sind die Husarenfische *Holocentrus*. Man erkennt sie an den starken Kiemendeckelstacheln. Außerdem haben sie einen langen spitzen Dorn, es ist der erste der vier Hartstrahlen der Afterflosse. Der Großdorn-Husar *Holocentrus spinifer* aus dem Stillen Ozean ist die größte Art, sie wird ungefähr 60 cm lang. Die Grundfarbe ist Rot, die Bauchseite trägt einen leicht silbrigen Schimmer.

Der ganze Körper von *Holocentrus lima* ist mit einer großen Zahl scharfer Stacheln bedeckt. Ähnlich bestachelt ist auch der im Indischen Ozean lebende Streifen-Husar *Holocentrus rubrum.* Silbrige Längsstreifen zieren die rotbraune Grundfarbe dieses hübschen Fisches. Er wird bis zu 20 cm lang. Bei *Holocentrus* soll die Stachelflosse eine Giftwirkung entfalten. Soweit

Myripristis murdjan

uns bekannt ist, fehlen bei der Familie *Holocentridae* Giftdrüsen. Durch den Stachel können z. T. starkblutende Wunden entstehen, und um eine Infektion zu vermeiden, geben wir Antibiotika und – wenn nötig – zusätzlich ein Schmerzlinderungsmittel. Es wurden Giftstoffe in den Eingeweiden und der Muskulatur nachgewiesen. Die Giftstoffe sind chemisch und pharmakologisch noch nicht genau untersucht worden. Das gleiche gilt für die im folgenden Abschnitt beschriebenen Angehörigen der Gattung *Myripristis*.

Die Angehörigen der Gattung Soldatenfische *Myripristis* ähneln in der Körperform den Holocentrus-Arten, nur fehlt ihnen der lange Stachel am Kiemendeckel. Was sie sonst noch wesentlich unterscheidet, sind die bedeutend kürzere Schnauze und die wesentlich größeren Augen. Der Weißsaum-Soldatenfisch *Myripristis murdjan* erreicht eine Länge bis etwa 30 cm und ist im ganzen Indopazifik verbreitet. Der etwas plump wirkende Körper ist rot, zum Bauch etwas heller gefärbt. Auch die Flossen sind rötlich, der vordere Teil der Rücken- und Afterflosse ist weiß. Durch das Auge läuft eine schwarze senkrechte Binde.

Fast alle Angehörigen der Husarenfische, besonders die Soldatenfische, sind – von einigen Ausnahmen abgesehen – für den Seewasseraquarianer dankbare Pfleglinge. Holocentrus-Arten sind oft Einzelgänger und beanspruchen ein eigenes Revier. Myripristis-Arten sind Schwarmfische und bewegen sich öfter im freien Wasser. Beide Gattungen brauchen ein großes Bekken mit vielen Verstecken. Entsprechend ihrer natürlichen Lebensweise stehen sie am Tage unter Korallen oder in ihren Höhlen und werden erst am späten Abend munter. Darum sollten wir unser Aquarium nicht zu hell beleuchten, und wenn wir etwas Glück haben, verlassen unsere Pfleglinge nach längerer Eingewöhnung auch tagsüber ihre Verstecke. Am Anfang füttern wir kleine Fische, Würmer und Garnelen. Später bieten wir Muschel- und Fischfleisch, Rinderherz, Regenwürmer, Tubifex, auch Mückenlarven werden gern genommen.

Unsere Soldaten und Husaren fangen wir nie mit dem Netz, denn damit könnten wir leicht die großen Augen verletzen, und es entstehen dadurch schwere Entzündungen. Unsere Pfleglinge sind zwar fast durchweg friedfertig, aber Räuber, und darum sollten wir sie nicht mit zu kleinen Fischen zusammen halten.

Zackenbarsche *Serranidae*

In den Korallenriffen und an den Felsküsten der tropischen Meere weltweit verbreitet finden wir die Zackenbarsche. Viele dieser Raubfische sind herrlich gefärbt, ganz besonders ausgeprägt ist der Farbwechsel. Die Tagfärbung unterscheidet sich von der Nacht- und Laichzeichnung genauso deutlich wie diese von der Schreckfärbung. Und darum sind die Farbangaben der einzelnen Arten oft recht unterschiedlich. Die meisten Angehörigen dieser Familie sind recht groß. Der Riesen-Zackenbarsch *Promicrops lanceolatus* erreicht eine Länge von etwa drei Metern und somit auch ein Gewicht von einigen Zentnern. Der Körper ist schwarz und trägt große, gelbe Binden und Flecken. Die schöne gelbe Zeichnung verschwindet später, und alte Tiere sind ganz schwarz. Die Heimat ist der Indopazifik, besonders häufig am Großen Barriereriff. Erwachsene Tiere sollen den Menschen angreifen. Wir konnten nur feststellen, daß sich Grouper dem Taucher gegenüber recht friedlich verhalten und – wie uns Tauchfreunde erzählten – oft recht neugierig sind. Sie ließen sich nicht einmal filmen, weil sie nicht den nötigen Kameraabstand einhielten.

Unter den etwa 500 Arten dieser Familie finden wir manchen vorzüglichen Speisefisch. Bei einigen Angehörigen konnten Giftstoffe in den Eingeweiden und der Muskulatur nachgewiesen werden. So kann man sich erklären, daß bei einigen Arten nach dem Genuß Vergiftungen auftreten, die dem Verlauf der geheimnisvollen Krankheit Ciguatera ähneln. Andere Angehörige verfügen über giftige Flossenstrahlen. Die Rückenflosse hat 9–12 Stachelstrahlen und der Kiemendeckel eine Sägekante. Über die chemische Zusammensetzung der Stoffe ist wenig bekannt, es dürfte sich um proteinartige Substanzen handeln.

Einer der schönsten Zackenbarsche ist der Juwelenbarsch *Cephalopholis miniatus.* Die Grundfarbe ist ein herrliches Rot oder Orange, Körper und Flossen sind mit vielen kleinen, runden, blauen Punkten besetzt. Er erreicht eine Länge bis ca. 30 cm und ist im Indopazifik beheimatet. Der Paddelbarsch *Chromileptes altivelis* hat eine gelblichweiße Grundfarbe und schwarze, runde Flecken auf dem ganzen Körper und den Flossen verteilt. Die Stirn ist etwas eingedrückt, die Rücken- und Afterflosse hoch und gerundet. Heimat sind der Australische Archipel und das Chinesische Meer. Er wird etwa 35 cm lang. Im Aquarium ist er gut zu halten. Beim Zweibindenbarsch *Diploprion bifasciatum* wird die hellgelbe Grundfarbe von zwei senkrechten, dunkelbraunen Binden unterbrochen. Die Kopfbinde läuft durch das Auge und ist bedeutend schmaler als die breite Körperbinde. Der hochrückige Körper ist ca. 25 cm lang, die Heimat der Indische Ozean. Wird unser Zackenbarsch erschreckt oder wittert er Gefahr, so kann er aus der Haut ein starkes Gift ausscheiden. Dieser Giftstoff Grammistin ist so stark, daß er alle Mitbewohner im Aquarium töten kann. Über das Gift ist uns nichts bekannt. Wir wissen auch nicht, ob es für den Menschen schädlich ist, wenn wir es beim Schnorcheln schlucken oder es durch eine Verletzung in unseren Körper kommt.

△ *Cephalopholis miniatus*

Chromileptes altivelis ▽

Der Goldstreifenbarsch *Grammistes sexlineatus* aus dem Roten Meer und dem tropischen Indopazifik wird etwa 25 cm lang. Die Grundfarbe ist Dunkelbraun bis Schwarz, drei bis neun gelbe Längsstreifen ziehen vom Kopf bis zum Schwanzstiel. Nach neuesten Untersuchungen wird dieser Fisch, der bislang zu den Zackenbarschen gezählt wurde, mit anderen in einer eigenen Familie *Grammistidae* Sechsstreifenbarsche zusammengefaßt. Die Familie enthält nur wenige Arten, sie alle können bei Gefahr das giftige Grammistin ausscheiden und sind somit sicher vor größeren Raubfischen geschützt. Die Zusammensetzung des Giftstoffes ist noch unbekannt. Wie bereits erwähnt, wissen wir nicht, ob es für den Menschen schädlich ist. Ob kranke und sterbende Tiere dieses Gift ausscheiden, kann man nicht mit Sicherheit beantworten. Wir sehen daran, daß bei tierischen Giften noch viel erforscht werden muß. Wir haben hier nur den Goldstreifenbarsch genannt, weil er der bekannteste seiner Art und ein gut haltbarer Fisch für das Seewasseraquarium ist.

An beiden Seiten des Atlantiks finden wir den Dreistachligen Seifenfisch *Rypticus saponaceus*. Der Name Seifenfisch ist verständlich, weil er beim Fangen oder Anfassen einen seifenartigen Schleim absondert. Er ist graubraun oder braun und trägt unregelmäßige hellgraue Flecken auf dem Rücken und auf den Seiten. Der Seifenfisch lebt im flachen Wasser und bevorzugt einen Boden aus Felsen und Sand.

Der Zwergtigerbarsch *Serranus tigrinus* bewohnt die Karibik und erreicht nur eine Länge bis etwa 12 cm. Im Aquarium ist er gut haltbar. Rücken und Seiten des Sägebarsches *Serranus cabrilla* sind bräunlichgelb und tragen fünf bis sieben schwarzbraune Querbinden, der Bauch schimmert silbrig. Heimat sind das Mittelmeer und die Küsten Südeuropas und Afrikas. Die Länge beträgt etwa 25 cm.

Fast alle Zackenbarsche sind dankbare und ausdauernde Pfleglinge für das Seewasseraquarium. Sie alle hier aufzuzählen, ist nicht möglich. Zackenbarsche benötigen einen großen freien Schwimmraum und diverse Versteckplätze. Wir sollten möglichst immer abwechslungsreich füttern. Leider werden einige Arten recht groß und sind darum für das Zimmeraquarium nur bedingt geeignet.

Schnapper *Lutjanidae* oder *Lutianidae*

Diese große Fischfamilie mit mehr als 200 Arten kommt in fast allen tropischen Meeren vor. Die Tiere leben in Schwärmen und auch einzeln. Wir finden sie in den küstennahen Gewässern, an Felsküsten und in der Nähe von Korallenriffen. Am wohlsten fühlen sie sich dort, wo eine starke Brandung herrscht. Viele Arten sind herrlich gefärbt, z. B. der im tropischen Atlantik lebende Gelbschwanzschnapper *Ocyurus chrysurus,* der etwa 60 cm lang wird.

Im Handel werden die Schnapper recht häufig angeboten, und mit ihren herrlich bunten Farben sind sie eine Zierde im Bekken eines Seewasser-Aquarianers. Voraussetzung ist natürlich ein großes Becken mit viel freiem Schwimmraum. Schnapper sind fast alle leicht zu halten, tierisches Futter, ob tot oder lebend, wird meist sofort angenommen. Da alle Schnapper sehr gefräßig sind, wachsen sie entsprechend schnell. Nicht mit kleinen Fischen und Krebsen zusammen pflegen.

Der Kaiserschnapper *Lutjanus sebae* aus dem tropischen Indopazifik ist ein sehr schön gezeichneter Vertreter seiner Gattung. Die weißliche Grundfarbe wird von drei breiten, schräglaufenden, dunkelrotbraunen Querbändern unterbrochen. Er erreicht eine Länge bis etwa einen Meter. Auch der Gitterschnapper *Lutjanus decussatus* aus dem tropischen Indopazifik erreicht eine Länge bis etwa 30 cm. Der Verwandlungsschnapper *Macolor niger* ist in der Jugend schwarz mit ungleichmäßigen weißen Flecken, erwachsene Tiere sind einheitlich tief dunkelbraun. Er wird selten importiert, ist im tropischen Indopazifik zu Hause und erreicht eine Länge bis etwa 75 cm.

Alle Schnapper sind vorzügliche Speisefische, denn sie haben durchweg ein sehr delikat schmeckendes Fleisch. Aber Vorsicht beim Verzehren des Fisches, es gibt leider immer wieder Vergiftungen. Auch beim Genuß ganz frischen Fischfleisches treten Fälle von Ciguatera auf. Der im Indopazifik vorkommende Blaugraue Schnapper *Aprion virescens* soll gelegentlich sehr stark giftig sein. Am Barriereriff ist sehr häufig der bis ca. 90 cm langwerdende *Lutjanus nematophorus* zu sehen. Der aus dem Indopazifik stammende Zweiflecken-Schnapper *Lutjanus bohar* hat gleichfalls eine stark giftige Wirkung. Er erreicht eine Länge bis etwa 75 cm. Die Wirkung des Giftes kündigt sich ca. 3 Stunden nach dem Verzehren eines Fisches an: Übelkeit und Erbrechen, Zunge und Lippen werden gefühllos. Man bekommt gleichfalls ein umgekehrtes Gefühl. So fühlt man heiß als kalt und kalt als heiß, auch starke Muskelschmerzen treten auf. Die gleichen Symptome können sich nach dem Verzehr von *Lutjanus gibbus* zeigen. Wir finden ihn überall im Indopazifik. Bei *Lutjanus coatesi,* der nur am Barriereriff beheimatet ist, kann es ebenfalls diese Vergiftungserscheinungen geben.

In Australien werden Schnapper recht selten gekauft, obwohl das Fleisch gut schmeckt, denn es treten immer wieder Fälle von schweren Vergiftungen auf, nicht selten mit tödlichem Ausgang.

Von phantastischen Riffen umgeben ist in der Karibik die Insel Grand Cayman. Für den Schnorchler und Sporttaucher sind diese Riffe ein wahres Paradies, denn es gibt dort Fische in Hülle und Fülle. Jeder Tauchgang mit oder ohne Kamera ist ein unvergeßliches Erlebnis. Die Ciguatera ist in der Karibik, besonders auf Grand Cayman, weit verbreitet. Da Fische dort kaum gefangen werden, können sie sich noch massenhaft an den Riffen tummeln. Die dort lebenden Menschen haben einfach Angst vor der Ciguatera-Krankheit und essen nur wenig Fisch. Das erklärt auch den Umstand, daß der Urlauber auf Grand Cayman kein Restaurant findet, in dem Fischspezialitäten angeboten werden, ausgenommen große Hotels, die den von ihnen angebotenen Fisch importieren.

Die Herkunft des Giftes ist immer noch nicht geklärt. Nur so viel ist bekannt, daß das Gift über die Nahrung aufgenommen und nicht vom Fisch erzeugt wird. Einige Biologen sind der Meinung, eine giftige Alge sei der Träger der Ciguatera. Nach neueren Untersuchungen soll das Toxin im Geißeltierchen *Dioplopsalis* gespeichert sein. Es können aber auch plötzliche Veränderungen an den Riffen oder verschiedene andere Umweltbedingungen schuld an den Vergiftungen der Fische sein, denn es gibt Orte, in denen Jahrzehnte Fische gegessen wurden, und plötzlich waren sie ohne sichtbaren Grund stark giftig.

Macolor niger

Die Ciguatera befällt nicht nur den Menschen, sondern auch Tiere wie Hunde, Katzen und Schweine zeigen nach dem Genuß die gleichen Vergiftungssymptome. Nach einer schweren Vergiftung braucht man oft Monate, ehe man sich vollständig erholt hat. Während dieser Zeit kann jeder Fisch, den man während der Genesung ißt, plötzlich die gleichen Symptome hervorrufen. Auch erzeugt das Ciguateratoxin keine Immunität, und sollte man sich nach einiger Zeit nochmals vergiften, verläuft diese Vergiftung bedeutend schwerer als die erste. Zur Behandlung können wir nur Medikamente verabreichen, welche die Symptome der Vergiftung lindern, aber nicht auf die Ursache einwirken.

Wir sehen, daß man auch bei Speisefischen nicht vorsichtig genug sein kann. Selbst kleine Mengen von Giftstoffen können unsere Gesundheit schädigen, manchmal sogar den Tod herbeiführen.

Stachelmakrelen *Carangidae*

Die Stachelmakrelen sind Bewohner der warmen Meere, wo sie sich meist in Oberflächennähe aufhalten. Der hochrückige, seitlich stark zusammengedrückte Körper mit dem schlanken Schwanzstiel und der fast immer tiefgegabelten Schwanzflosse deuten auf einen gewandten, schnellen Schwimmer hin. Sie sind wegen ihrer Schnelligkeit bei den Sportanglern sehr begehrt. Die etwa 200 Arten der Familie sind in allen tropischen Meeren zu finden, einige Angehörige der Familie ziehen auch gern ins Süßwasser, zur Laichzeit kehren sie aber stets ins Meer zurück.

Im Mittelmeer und an den deutschen Küsten finden wir die Bastardmakrele *Trachurus trachurus,* auch Stöcker genannt. Sie wird bis etwa 50 cm lang und hat zwei Rückenflossen, die erste stachlige ist etwas kleiner als die zweite weichstrahlige Flosse. Vor der Afterflosse stehen zwei Stachelstrahlen, von denen der erste starr nach vorn gerichtet ist. Jungfische der Stachelmakrelen kann der Taucher oft unter dem Schirm oder zwischen Nesselfäden der Gelben Haarqualle *Cyanea capillata* beobachten. Es handelt sich hier nicht darum, Schutz vor Feinden zu finden, sondern sie ernähren sich von den Eierstöcken der Quallen. Die Bernsteinmakrele *Seriola dumerili* finden wir im Mittelmeer und im Atlantik. Sie wird bis etwa einen Meter lang. Stachelmakrelen leben und jagen meist in kleinen Trupps zusammen. Sie verfolgen einen Schwarm Fische oft über weite Strekken. Plötzlich umzingeln sie den Schwarm und treiben die Beute immer dichter zusammen. Alle Fische, die versuchen, auszubrechen, ergreifen die Jäger.

Die Fadenmakrele *Alectis ciliaris* bewohnt fast alle tropischen Meere. Bei den hochgebauten und seitlich abgeflachten Jungtieren sind die ersten Strahlen der Rücken- und Afterflosse zu langen Fäden ausgezogen. Die Anhängsel sind immer länger als der gesamte Fisch und geben ihm damit ein sehr bizarres Aussehen. Mit zunehmender Größe verkürzen sich die Anhängsel bedeutend, auch streckt sich der Körper etwas, und Alttiere haben mit den Jungfischen nicht mehr allzuviel Ähnlichkeit.

Alectis ciliaris ▷

Die Art wird bis etwa 25 cm lang. Fadenmakrelen sind sehr empfindliche und schwer zu pflegende Fische. Sie benötigen ein großes Becken mit umfangreichem Schwimmraum und immer sehr sauberes Wasser. Man sollte Fadenmakrelen allein im Becken halten, denn die meisten Mitbewohner beißen und zupfen ihnen in kürzester Zeit die langen Flossenfäden ab.

Der Bodengucker *Selene vomer* bewohnt den tropischen Atlantik und wird bis 30 cm lang. Die Augen sitzen sehr hoch am Kopf, und es sieht so aus, als schauten sie auf die schräg darunterliegende Schnauze. Der Rücken schimmert blaugrün, die Körperseiten silbrigglänzend. Es ist schon ein sehr ansprechendes Tier, allerdings ebenfalls ein schwer zu pflegender Fisch. Die Körperfarbe der Königsmakrele *Gnathanodon spesiosus,* früher *Caranx spesiosus* genannt, ist ein kräftiges Gelb mit grünlichem Schimmer. Sie trägt mehrere dunkle Querbänder, die Flossen sind auch gelb. Dieser herrliche Fisch ist ein vorzüglicher Schwimmer und im Indopazifik weit verbreitet. Er wird bis etwa 90 cm lang. Jungfische werden immer wieder eingeführt, sie halten sich im Aquarium recht gut. Man sollte immer mehrere Tiere zusammen pflegen. Bei guter Ernährung wachsen sie sehr schnell über das Maß des Aquariums hinaus. Wir raten, sich diese herrlichen Tiere in den großen Schauaquarien zu betrachten. Wie schon gesagt, brauchen Stachelmakrelen einen großen Schwimmraum. Welcher Aquarianer hat schon so riesige Becken für nur eine Art, denn meist wollen wir doch Tiere aus mehreren Familien pflegen.

Es kommt vor, daß Stachelmakrelen in manchen Gegenden stark giftig sind, in anderen Gebieten zeigt sich keinerlei Giftwirkung. So ist der Ulua *Caranx melampygus* auf Hawaii ein sehr beliebter Speisefisch. Auf den Palmyra-Inseln südlich von Honululu wird der gleiche Fisch wegen seiner tödlichen Giftigkeit gefürchtet. Hier handelt es sich um Ciguatera-Vergiftungen. Das Gift bleibt im Körper des Fisches erhalten und geht nicht verloren. Bei Versuchen hat man giftige Fische monatelang im Aquarium gehalten und dort giftfreies Futter gegeben. Dann tötete und verfütterte man sie an Versuchtiere; bei ihnen zeigten sich die gleichen Vergiftungssymptome.

◁ *Selene vomer*

Goldmakrelen *Coryphaenidae*

Goldmakrelen sind sehr schnelle Schwimmer. Sie zeigen eine hohe und große Kopfform. In England nennt man sie deshalb Dolphins, also Delphinfische. Einige Angehörige der Gattung *Coryphaena* enthalten Giftstoffe in ihren Organen. Es handelt sich auch hier sicher um das Ciguatera-Toxin.

In den tropischen und warmen Meeren weltweit verbreitet, auch im Mittelmeer, finden wir die Große Goldmakrele *Coryphaena hippurus.* Sie erreicht eine Länge bis etwa 1,50 m. Auf Hawaii ist die Große Goldmakrele ein geschätzter und ausgezeichneter Speisefisch, man nennt sie hier „Mahimahi". Auf den Philippinen und entlang der Küsten des tropischen Amerikas, wird *C. hippurus* selten oder gar nicht auf den Märkten angeboten.

Meerbarben *Mullidae*

Diese Familie umfaßt etwa 40 Arten, die in den gemäßigten und tropischen Meeren verbreitet sind. Meerbarben sind Grundfische, und wir erkennen sie sofort an den zwei beweglichen, vom Kinn herabhängenden Bartfäden. Sie helfen dem Fisch, im Boden verborgene Nahrung aufzuspüren, und wenn sie nicht gebraucht werden, lassen sie sich in Gruben zurücklegen. Die vordere Rückenflosse ist mit Stachelstrahlen versehen. Im Vergleich zum Körper wirkt der Kopf recht klein.

Fast alle Angehörigen der Familie sind erstklassige Speisefische. An unseren Küsten finden wir die Streifenbarbe *Mullus surmuletus,* deren Fleisch von Feinschmeckern noch mehr geschätzt wird als das der Rotbarbe *Mullus barbatus.* Die Barben waren schon den alten Griechen und Römern als sehr wohlschmeckend bekannt. Im antiken Rom war die Gestreifte Meerbarbe ein teuer bezahlter Speisefisch. Oft wurden die Barben lebend auf den Tisch gebracht, damit sich die Gäste vor Beginn der Zubereitung an dem herrlichen Farbenspiel der sterbenden Fische erbauen konnten.

Bei der bis zu 20 cm langwerdenden Zweifarben-Meerbarbe *Parupeneus barberinoides* aus dem Indo-Australischen Archipel und dem Gelben Ziegenfisch *Mulloidichthys martinicus* aus der Karibik mit einer Länge von etwa 40 cm konnte in den Eingeweiden ein Giftstoff nachgewiesen werden.

Wer Barben pflegen will, benötigt ein großes Becken mit viel Schwimmraum. Der Bodengrund muß aus einer reinen und nicht zu flachen Sandfläche bestehen. Wie schon erwähnt, holen sie sich ihre Nahrung aus oder vom Boden. Meerbarben bereiten dem Pfleger wenig Mühe, wir sollten stets recht abwechslungsreich füttern. Einige Arten sind herrlich gefärbt und äußerst friedliche Beckenbewohner.

Meerbrassen *Sparidae*

Die bis etwa 200 bekannten Arten dieser Familie leben fast immer in Schwärmen in den tropischen und subtropischen Gewässern. Bei den Gattungen Rotbrassen *Pagellus* und Goldbrassen *Spargus* finden sich im Körper Giftstoffe, außerdem kommen auch giftige Stacheln vor. Nach dem Genuß von *Pagellus erythrinus* können sich folgende Vergiftungserscheinungen einstellen: starke Kopfschmerzen, Erbrechen, Schmerzen in den Gelenken und starker Durchfall. All diese Symptome halten einige Tage an. Auch hier fehlen noch genaue Daten über die Ursache der Vergiftungen. Man nimmt an, daß es sich um eine Hypervitaminose handeln könnte (toxische Erscheinungen durch zu hohe Vitamingaben an den Organismus).

Meerbrassen sind zum Teil erstklassige Speisefische. Es kommt aber wie bei den Stachelmakrelen vor, daß in einem Gebiet die Art als erstklassiger Speisefisch geschätzt und andernorts wegen ihrer Giftigkeit gemieden wird. Im Mittelmeer finden wir den Ringelbrassen *Diplodus annularis,* dessen Fleisch nicht sehr geschätzt wird, während das Fleisch des Großen Geiß- oder Bindenbrassen *Diplodus sargus* als vorzüglich gilt. Beim Ausnehmen der Brassen sollte stets die schwarze Haut, die die Bauchhöhle auskleidet, sorgfältig entfernt werden.

Der Spitzbrassen *Puntazzo puntazzo* bewohnt das Mittelmeer und den Atlantik. Die silbergraue Grundfarbe wird von 7–9

Boops salpa

dunklen Querbinden unterbrochen, den Schwanzstiel ziert ein schwarzer Sattelfleck. Länge bis etwa 25 cm. Das Fleisch wird geschätzt. Der Goldstriemen *Boops salpa* hat 10–12 gelblich-orangefarbene Längsstreifen, die sich vom Kopf bis zum Schwanz über den silberfarbenen Körper hinziehen. Wir finden diesen herrlichen Fisch in großen Schwärmen in der Nähe von Felsküsten im Mittelmeer und Atlantik. Er erreicht eine Länge bis ca. 40 cm. Sein Fleisch riecht nach Algen und hat wirtschaftlich wenig Bedeutung.

Im allgemeinen sind Meerbrassen leicht zu pflegende Fische. Wir benötigen allerdings ein großes Becken mit viel Schwimmraum. Die Fische fressen nicht nur tierisches Futter, sondern es werden auch Algen genommen. Jungtiere leben gesellig zusammen, einige Arten werden mit zunehmendem Alter recht bissig. Die meisten Arten für das Seewasseraquarium kommen aus dem Mittelmeer. Sie lassen sich bei Zimmertemperatur gut halten.

Kaiserfische *Pomacanthidae*

Gelegentlich werden diese herrlichen Fische noch immer als eine Unterfamilie der *Chaetodontidae* erwähnt. Einige bekannte Ichthyologen erhoben die Kaiserfische zu einer eigenen Familie.

In den Korallenriffen und an den Felsküsten des Indopazifiks und tropischen Atlantiks leben die Kaiserfische. Außerhalb der Paarungszeit sind sie fast immer Einzelgänger. Von den Falterfischen unterscheiden sie sich durch den hochrückigen, aber weniger zusammengedrückten Körper und den großen Stachel am unteren Kiemendeckelrand. An diesem Stachel kann man sich sehr schwer verletzen. Jungfische sind fast immer anders gefärbt als die erwachsenen Tiere, und deshalb ist es meistens nicht ganz leicht, die Art richtig zu bestimmen. Kaiserfische dulden in ihrer nächsten Umgebung keinen Artgenossen. In Gefangenschaft wird auch gern Pflanzenkost genommen, einige sind ausgesprochene Nahrungsspezialisten.

Pomacanthus paru

Pomacanthus maculosus

Bei dem California-Engelfisch *Plitops passer* finden sich giftige Substanzen in den Muskeln und den Eingeweiden. Er erreicht eine Länge bis etwa 30 cm und bewohnt das Gebiet vom Kalifornischen Golf bis zu den Galapagos-Inseln. Es handelt sich auch hier um eine ciguatera-toxische Erscheinung, wie sie bei vielen Speisefischen vorkommt. Oft lagert sich das Gift, das durch die Nahrung aufgenommen wird, nur in bestimmten Teilen der Fische ab.

Für uns ist es sehr schwer, nur zwei oder drei Arten aufzuzählen, denn jeder Angehörige der Familie würde es verdienen, wegen seiner Schönheit genannt zu werden. Im tropischen Pazifik finden wir den Pfauenkaiserfisch *Pygoplites diacanthus.* Er wird etwa 20 cm lang. Ein dankbarer und ausdauernder Pflegling ist der Imperator-Engelfisch *Pomacanthus imperator.* Er geht schon nach kurzer Zeit ans Futter und erreicht eine Länge bis ca. 40 cm. Der Franzosen-Kaiserfisch *Pomacanthus paru* ist als Jungfisch schwarz und zeigt vier gelbe Querbinden. Auch die Grundfarbe älterer Tiere ist schwarz, die Querbinden sind dann allerdings völlig verschwunden und dafür sind die Körperschuppen gelb eingefaßt. Dieser Fisch zeigt uns deutlich, wie groß Farb- und Zeichnungsunterschiede zwischen jungen und erwachsenen Tieren sein können.

Falterfische *Chaetodontidae*

Falterfische sind Bewohner der tropischen Korallenriffe und leben dort je nach Art und Alter in kleinen Schwärmen, einzeln oder paarweise. Besonders artenreich und farbenprächtig sind sie im Indischen und im Pazifischen Ozean. Es ist nicht übertrieben, wenn man behauptet, daß sie zu den schönsten Bewohnern der Riffe gehören. Der Körper ist seitlich stark zusammengedrückt, und dadurch wirkt er ziemlich hoch. Bei einigen Arten ist die kleine Schnauze mehr oder weniger verlängert. Sie können eine Länge bis etwa 25 cm erreichen. Die Färbung dieser herrlichen Fische ist immer recht dekorativ, gelbe, braune, rote und schwarze Farben sind vorherrschend, während blaue Töne sehr selten vorkommen. Oft findet man Streifenzeichnungen, Augenflecken oder ungleiche Muster, und fast immer verläuft durch das Auge eine dunkle Binde.

Leider gehören Falterfische zu den heikelsten Pfleglingen im Seewasseraquarium. In der freien Natur wirken sie friedlich, sind aber fast immer Revierbesitzer und verteidigen deshalb gegenüber Artgenossen ihr Revier im Becken. Dazu sind unsere Becken in der Regel zu klein. Die scharfen Rückenflossen-

Chaetodon capistratus

Forcipiger flavissimus

stacheln werden gespreizt, und der in das Revier eingedrungene Gegner wird verjagt. Ist das Becken verhältnismäßig klein, wird der Eindringling manchmal zu Tode gehetzt.

Wir werden hier nur einige dieser herrlichen Fische nennen, denn über Pflege und Haltung gibt es gute Literatur von erfahrenen Fachleuten. Diese Familie müssen wir aber erwähnen, weil bei der Gattung *Chaetodon* Giftstoffe in Muskeln und Eingeweiden nachgewiesen worden sind. Es handelt sich auch hier um das Ciguatera-Toxin.

Ein recht hübscher Fisch und dankbarer Pflegling ist der Wimpelfisch *Heniochus acuminatus.* Man kann ihn sogar dem Anfänger der Seewasseraquaristik empfehlen. Der Gelbe Masken-Falterfisch *Chaetodon semilarvatus* liebt im Becken Gesellschaft und wird sogar recht zahm. Unser Pflegling benötigt aber ein großes Becken.

Der Langschnäuzige Pinzettfisch *Forcipiger flavissimus* muß sehr sorgfältig gepflegt werden. Dieser schöne Fisch ist nur für den erfahrenen Seewasseraquarianer geeignet. Auf keinen Fall darf er mit starken und schnellen Fressern zusammen gehalten werden.

△ *Abudefduf cyaneus*

Abudefduf oxyodon ▽

Riffbarsche *Pomacentridae*

Recht groß ist die Zahl dieser meist relativ kleinen, aber zum Teil herrlich gefärbten Korallenfische. Wir finden mehr als 200 Arten in den Korallenriffen aller tropischen Meere. Bis auf wenige Ausnahmen sind sie auch für den Anfänger der Meeresaquaristik geeignet. Einige Arten bilden Reviere und sind deshalb im Becken manchmal Artgenossen gegenüber recht raufiustig. Wir sollten uns beim Kauf beraten lassen und in Fachbüchern nachlesen, welche Arten wir zusammen pflegen können. Die Anemonenfische der Gattung *Amphiprion* verdanken ihren Namen der Symbiose (Lebensgemeinschaft), in der sie mit großen Seeanemonen der Gattungen *Stoichactis* oder *Radianthus* u. a. leben.

Der Orange-Ringelfisch *Amphiprion ocellaris* ist ein recht dankbarer Pflegling. Eine der haltbarsten Arten im Seewasserbecken ist der Schwarze Dreibinden-Anemonenfisch *Amphiprion clarkii*. Die Gattung *Premnas* unterscheidet sich von *Amphiprion* durch einen Stachel unter den Augen. Der Samtanemonenfisch *Premnas biaculeatus* hat eine braunrote Grundfarbe, die von drei breiten oder schmalen weißen Querbinden unterbrochen wird. Als Einzelgänger lebt der Schwarzblaue Riff-

Amphiprion ocellaris

Dascyllus trimaculatus

barsch *Abudefduf oxyodon* im Indischen und im Stillen Ozean. Auf Kopf und Rücken befinden sich einige fluoreszierende blaue Streifen. Die Rückenflossenstrahlen können recht schmerzhafte Verletzungen hervorrufen. Der Saphir-Riffbarsch *A. assimilis* liebt im Becken kleine Höhlen als Verstekke, und er ist friedlich gegenüber seinen Mitbewohnern.

Im Aquarium gut zu halten ist der Dreibinden-Preußenfisch *Dascyllus aruanus,* man sollte mehrere Exemplare davon einsetzen. Die dunkelblaue Gelbschwanz-Demoiselle *Pomacentrus melanochir* lebt im Indischen und im Pazifischen Ozean. Gegen Artgenossen und ähnlich aussehende Fische verhält sie sich sehr aggressiv. Im Gesellschaftsbecken ist die Art gut zu halten.

Bei verschiedenen Riffbarschen kommen Giftstoffe in den Muskeln und Eingeweiden vor, z. B. bei dem verhältnismäßig großwerdenden Kupipi *Abudefduf sordidus* mit einer Länge bis zu 20 cm und dem Rotmeer-Riffbarsch *Dascyllus marginatus,* der nur etwa 10 cm lang wird. Wir können fast mit Sicherheit annehmen, daß es sich bei den Riffbarschen auch um das Ciguatera-Toxin handelt. Es sind uns keine Vergiftungsfälle bekannt, und somit können wir auch nichts über die Symptome der Krankheit berichten.

Lippfische *Labridae*

Es sind etwa 600 Arten bekannt, alle bewohnen tropische oder gemäßigt warme Meere. Während des Tages sind die Riffe voll von diesen herrlich gefärbten und recht lebhaften Fischen. Die kleinen Lippfisch-Arten verkriechen sich nachts im Sand, während andere Angehörige in Spalten schlüpfen oder angelehnt an den Korallen schlafen. Einige umgeben sich mit einer Hülle aus Schleim und verbringen so die Nacht.

Gefressen werden Schnecken, Krebse, Seeigel, Würmer und Muscheln, auch Algen werden nicht verschmäht. Ist eine Beute zu groß oder zu hart, wird sie zwischen die Zähne genommen und gegen einen Stein oder eine Koralle geschlagen, um sie zu zerkleinern. Einige Angehörige der großen Familie ernähren sich fast ausschließlich von den Parasiten anderer Fische und haben somit eine sehr wichtige Funktion (sog. Putzer). Der Gewöhnliche Putzerfisch *Labroides dimidiatus* bewohnt den Indopazifik von Ostafrika bis Tahiti, das Rote Meer und wird etwa 10 cm lang. Den Hawaii-Putzerfisch oder Rotschwanz-Putzerfisch *L. phthirophagus* finden wir im Bereich der Hawaii-Inseln, auch er erreicht eine Länge von etwa 10 cm.

Coris aygula

Coris gaimard

Im Mittelmeer lebt der Schermesserfisch *Hemipteronotus novacula,* er unterscheidet sich von den anderen Arten durch den ansteigenden Kopf. Der Blaukopflippfisch *Thalassoma bifasciatum* aus dem tropischen Atlantik und der Karibik ist in der Jugend einfarbig gelbgefärbt. Das Männchen erhält erst mit zunehmendem Alter den herrlich blauen Kopf. Viele Lippfische sind schon in der Jugend prächtig gefärbt.

Bei dem California-Herzoglippfisch *Bodianus diplotaenia,* Länge bis etwa 30 cm, Heimat südliche Küste von Kalifornien, wurden in den Muskeln und Eingeweiden Giftstoffe nachgewiesen. Im Clownjunker *Coris gaimard* hat man gleichfalls Giftstoffe festgestellt. Wir finden ihn auf Sandböden, Seegrasfeldern und Korallenriffen im Indopazifik, er ist etwa 30 cm lang. Auch in Leber und Darm vom Trompeten-Lippfisch *Epibulus insidiator* wurden Giftstoffe nachgewiesen. Er lebt im Indopazifik von Ostafrika bis zu den Tuamotu-Inseln und erreicht eine Länge bis etwa 35 cm. Die Giftstoffe werden über die Nahrung aufgenommen, also keinesfalls vom Lippfisch selbst produziert. Es handelt sich hier, wie bei vielen eßbaren Fischen, um das Ciguatera-Toxin.

Lippfische benötigen ein großes Becken mit entsprechendem Schwimmraum und einigen Verstecken sowie Korallen. Wichtig ist eine etwa 10 cm dicke Sandschicht als Bodengrund. Nicht nur bei Gefahr, sondern auch nachts stoßen viele Lippfische in den Sand, um sich darin zu verstecken. Fast alle Lippfische sind dankbare Pfleglinge für das Seewasseraquarium. Ein herrlicher und dankbarer Pflegling ist der Bäumchenfisch *Novaculichthys taeniurus,* er wird bis etwa 30 cm lang und ist im Indopazifik von Ostafrika bis Hawaii beheimatet.

Papageifische *Scaridae*

In den Korallenriffen tropischer und den Felsriffen subtropischer Meere finden wir die herrlich buntgefärbten Papageifische. In der Größe variieren sie stark, einige werden etwa 40 cm lang, andere bis zu 1,80 m und größer. Während der Dunkelheit ziehen sich die Fische in ihre Höhlen zurück und wie manche Lippfische haben sie die Eigenart, sich mit einem „Nachtgewand" zu umgeben. Diese hautähnliche Hülle besteht aus Schleim, der durch Atembewegungen in der Kiemenregion erzeugt wird. Durch kräftiges Schwanzschlagen wird am Morgen die Hülle zerstört und kann verlassen werden. Die Schleimhülle dient den am Boden ruhenden Fischen sicher als Schutz gegen nächtlich jagende Fische.

An beiden Seiten des Atlantiks finden wir den Regenbogen-Papageifisch *Scarus guacamaia.* Herrlich gefärbt ist der Gestreifte Papageifisch *Scarus taeniopterus* aus den Gewässern der Bermudas, vor Südflorida und in der Karibik. Sie trennen von den Korallen kleine Stücke ab und zermahlen sie zu feinem Brei. Kalkalgen werden abgeschabt. Zusätzlich werden kleine Krebse und Würmer verspeist.

Bei Papageifischen wurde eine giftige Substanz in Muskeln, Leber, Darm und Gonaden nachgewiesen. Auch hier liegt, wie bei vielen anderen Familien, die Ciguatera-Vergiftung vor. Trotz jahrelanger Bemühungen ist die Zusammensetzung des Giftes noch immer nicht mit Sicherheit bekannt.

Scarus sordidus

Doktorfische *Acanthuridae*

Doktorfische oder Seebader bevölkern meist in kleinen Trupps die Korallenriffe tropischer Meere. Zur Familie gehoren die eigentlichen Doktorfische mit den Gattungen *Acanthurus, Paracanthurus* und *Ctenochaetus* und u. a. die segelflossige Gattung *Zebrasoma.* Die Zebrasoma-Arten besitzen einen fast scheibenförmigen Körper, mit hoher Rücken- und Afterflosse und 3–5 harten Rückenflossenstrahlen. Die anderen Doktorfische haben einen länglichen Körper und 7–9 harte Strahlen in der Rückenflosse.

Die besonders in der Jugend z. T. prächtig gefärbten Doktorfische verfügen über eine nicht zu verachtende Waffe. Dicht vor der Schwanzflosse sitzt auf jeder Seite ein spitzer Dorn, ähnlich dem Skalpell eines Chirurgen. Dieses „Messer" wird bei Gefahr aufgestellt und kann dann recht tiefe Wunden schlagen. Der Schlankzahn-Seebader *Ctenochaetus striatus* bewohnt den tropischen Indopazifik und erreicht eine Länge von etwa 28 cm.

Sein aufgerichteter Stachel schlägt nicht nur eine starke Wunde, sondern damit soll sogar eine schmerzhafte und langanhaltende Vergiftung verbunden sein. Über das Toxin ist nichts bekannt.

In manchen Gegenden gehören die Doktorfische zu den Speisefischen. Da Angehörige dieser Familie Giftstoffe in den Eingeweiden, Muskeln und Gonaden haben, treten nach dem Genuß des Fleisches Vergiftungserscheinungen der Ciguatera auf.

Einer der schönsten Doktorfische ist der *Paracanthurus hepatus,* Synonym *P. theutis*, leider verblaßt die herrliche blaue Farbe mit zunehmendem Alter. Der *Acanthurus triostegus* bewohnt den Indopazifik von Ostafrika bis Hawaii und erreicht eine Länge bis etwa 25 cm.

Einhornfische besitzen auf jeder Seite des Schwanzstieles zwei mehr oder weniger gekielte Knochenplatten, sie sind unbeweglich und nicht aufrichtbar wie bei den Doktorfischen (nach KLAUSEWITZ). Es wird aber auch berichtet, daß auf den

▽ *Acanthurus lineatus* *Naso brevirostris* ▷

Knochenplatten nach vorn gerichtete feststehende Stacheln stehen. Die Stacheln sollen mit einem Gift produzierenden Gewebe bedeckt sein. Von den Doktorfischen unterscheiden sie sich dadurch, daß die meisten Angehörigen mit zunehmendem Alter einen mehr oder weniger großen Knochenzapfen im Stirnbereich bekommen. Weit verbreitet ist einer der schönsten Hornfische *Naso literatus* mit einer Länge bis etwa 50 cm in den Korallenriffen im Roten Meer und Indopazifik.

Ein herrlicher Fisch ist der Halfterfisch *Zanclus cornutus*. Wir finden ihn im Indopazifik von der ostafrikanischen Küste bis hin zum mittleren Pazifik, die Hawaii-Inseln eingeschlossen. Dieser Fisch hat keine Stacheln oder knöcherne Höcker am Schwanzstiel. In der Jugend haben sie hinter jedem Mundwinkel einen messerartigen Dorn, der verschwindet, wenn die Fische zwischen 8–10 cm lang sind. Mit zunehmendem Alter wächst ein hornartiger Vorsprung vor jedem Auge. Die Grundfarbe dieser sehr hübschen Fische ist Weiß bis Gelblich, sie tragen schwarze blaugesäumte Querbinden. Die Oberseite der

Acanthurus japonicus

Paracanthurus hepatus

länglichen Schnauze ist zartorange, der untere Teil schwarzgefärbt. Rücken-, Schwanz- und Afterflossen sind hinten gelb. Der dritte Strahl der Rückenflosse läuft fadenförmig aus, besonders bei Jungfischen ist dieser Teil sehr lang.

Doktorfische sind überwiegend recht schnelle Schwimmer und benötigen darum ein nicht zu kleines Becken, auch sollten einige Versteckmöglichkeiten nicht fehlen. Einmal eingewöhnt, sind es überwiegend recht dankbare Pfleglinge. Im Aquarium sind sie manchmal recht unverträglich, und so müssen wir achtgeben, daß es zu keinen bösen Verletzungen bei den Mitbewohnern im Becken kommt. Doktorfische sind Algenfresser, nehmen aber in Gefangenschaft auch tierische Kost, benötigen allerdings unbedingt pflanzliche Nahrung als Zusatzkost. Es können sonst besonders bei älteren Tieren Darmentzündungen auftreten. Halfterfische sind nur etwas für den erfahrenen Seewasseraquarianer, denn sie gehören zu den heikelsten Aquarienfischen.

Kaninchenfische *Siganidae*

Korallenriffe, Lagunen und Seegrasfelder der tropischen Meere sind die Heimat der Kaninchenfische. Alle Angehörigen der Familie besitzen eine lange Rückenflosse mit großen Stachelstrahlen. Rücken-, After- und Bauchflossenstacheln stehen mit Giftdrüsen in Verbindung, und bei einer Berührung werden sehr schmerzhafte und unangenehme Stichwunden hervorgerufen, oft mit anhaltenden Entzündungen und einer Schädigung der Lymphgefäße verbunden. Dringt eine größere Menge Gift in das Blut ein, kann es zu einer kurzzeitigen Atemnot durch Lähmung der Atemmuskeln und einer Verminderung der Herztätigkeit kommen. Alle Vergiftungssymptome treten unmittelbar nach der Verletzung auf. Auch hier kann die Heißwassermethode nicht schaden, ferner geben wir dem Verletzten schmerzstillende Mittel. Die Genesung erfolgt meist schon nach 3–6 Tagen.

Im Indo-Australischen Archipel finden wir das Fuchsgesicht *Lo vulpius*. Die Grundfarbe des Körpers ist gelb, der Kopf und die Brust zeigen eine dunkelbräunliche Färbung, das Maul ist röhrenförmig ausgezogen, der Fisch wird etwa 25 cm lang.

Von der Küste Ostafrikas bis zum Indo-Australischen Archipel und im Pazifik bis zu den Gesellschafts-Inseln finden wir den Genetzten Kaninchenfisch *Siganus vermiculatus* mit einer bläulichen bis hellgrauen Grundfarbe, zum Bauch hin silbrigweiß, über Kopf und Körper laufen bräunliche gewundene Linien, die Schwanzflosse trägt dunkle Tupfen. Dieser Fisch wird bis etwa 35 cm lang.

Kaninchenfische sind angenehme und gut zu haltende Aquarienbewohner. Sie sind recht ausdauernd und anspruchslos. Der Pfleger sollte sich vor einer Verletzung durch die giftigen Stacheln hüten. Über das Gift ist nichts bekannt.

◁ *Siganus vermiculatus*

Lo vulpius

Makrelen *Scombridae*

Wer das Glück hat, einen Schwarm Makrelen zu beobachten, wie sie elegant und schnell unter der Wasseroberfläche dahingleiten, wird diesen Anblick nie vergessen. Makrelen durcheilen wie ihre Verwandten, die Pelamiden und Thunfische, unaufhörlich die Meere.

Bis zu 80 cm lang wird der Atlantische Bonito oder Pelamide *Sarda sarda,* den wir im Mittelmeer und in den wärmeren Teilen des Atlantiks antreffen. Der Körper ist langgestreckt, der Rücken hellblau, die Bauchseite silbrig weiß, die oberen Seiten werden von dunklen Längsstreifen unterbrochen.

Die Gemeine Makrele *Scomber scombrus* hat einen langen spindelförmigen Körper und kann bis etwa 50 cm lang werden. Der blau- bis grasgrünschimmernde Rücken wird von dunklen Streifen unterbrochen, die bis zur Seitenlinie reichen. Wir finden sie in der Ostsee, im Atlantik von den Kanarischen Inseln im Süden bis zur Nordküste Islands, auch im Schwarzen Meer und Mittelmeer häufig. Im Winter halten sich Makrelen in der Tiefe auf, sonst sind sie ausgesprochene Oberflächenfische. Die Mittelmeer-Makrele *Pneumatophorus colias* lebt im Mittelmeer und Atlantik, in der Nordsee selten. In der Körperform ähnelt sie der Gemeinen Makrele. Rücken und Körperseiten sind aber mit dunklen Punkten bedeckt, ein goldfarbener Streifen läuft vom Kiemendeckel bis zur Schwanzflosse. Sie erreicht eine Länge bis etwa 30 cm und wird selten größer. Die Japanische Makrele *Pneumatophorus japonicus* zeigt fast die gleiche Grundfärbung und erreicht eine Länge bis etwa 35 cm.

Einige Angehörige der Familie haben Giftstoffe in den Eingeweiden und Gonaden. Es soll sich hier um einen zu den Protaminen gehörenden Stoff handeln (Scombrin).

Die größten Vertreter der Familie sind Thunfische, die in fast allen warmen Meeren leben. Der Gewöhnliche Thunfisch *Thunnus thynnus* ist hochrückiger als die Makrelen. Der Rükken zeigt eine blauschwarze Farbe, die Bauchseite ist Silbrigweiß, und bis etwa 3 m lang wird er im allgemeinen.

Der Weiße Thunfisch oder Germon *Thunnus alalunga* ähnelt dem Gewöhnlichen Thunfisch, die Brustflossen sind aber sehr lang und reichen – angelegt – bis hinter die zweite Rückenflosse. Er wird nur bis etwa 1 m lang und bewohnt das Mittelmeer und alle warmen Meere. Der Name Weißer Thun bezieht sich darauf, das das Fleisch schwächer durchblutet wird und somit bedeutend heller ist.

Alle Makrelen, Pelamiden und Thunfische sind durchweg vorzügliche Speisefische. Das Fleisch der Makrelen wird stark durchblutet und das blutreiche Gewebe verdirbt recht schnell. Und so sollte man nur Makrelen auf dem Markt kaufen, von denen man genau weiß, daß sie ganz frisch sind. Makrelen, Pelamiden und Thunfische müssen gleich nach dem Fang verarbeitet werden, weil ihr Fleisch rasch von Bakterien befallen wird und dann ungenießbar ist. Makrelenvergiftungen ähneln einer Histamin-Vergiftung. Verschiedene Aminosäuren konnten auch in nicht mehr ganz frischen Makrelen nachgewiesen werden. Und immer wieder hört man die Frage nach dem Entstehen der Giftigkeit bei den normalerweise ungiftigen Fischen. Die Ursache der Giftigkeit ist bis heute immer noch nicht ganz klar. Symptome nach dem Genuß von giftigem Fleisch sind Kopfschmerzen, Hitzegefühl und heftiger Nesselausschlag. Meist halten diese Symptome ein paar Tage an und bleiben ohne Folgen.

Drachenköpfe oder Skorpionfische *Scorpaenidae*

Alle Angehörigen dieser artenreichen Familie sind weltweit in sämtlichen Meeren zu finden. Es sind Bewohner der Korallenriffe und felsiger Gebiete, viele leben in der Küstenzone am Boden und in Verstecken. Den Namen Skorpionfische haben sie von den Giftdrüsen an den Stachelstrahlen. Angehörige der Familie, die über keine Giftdrüsen verfügen, können dem Schwimmer oder Schnorchler recht schmerzhafte Wunden beibringen. Die Randdornen des Kiemendeckels und Stachelstrahlen der Rückenflosse beim Kleinen Rotbarsch *Sebastes viviparus* sind nicht giftführend, Drachenköpfe haben Stacheln an der Rückenflosse, ferner an Bauch- und Afterflosse sowie Stacheln an den Kiemendeckeln. Sie halten sich versteckt in Spalten und auf Felsen auf, durch Hautanhänge sind sie noch zusätzlich gut getarnt und passen sich meist auch farblich gut der Umgebung an.

Der Rot- oder Goldbarsch *Sebastes marinus* ist ein Raubfisch und einer der bekanntesten Drachenköpfe. Die Rotbarsche haben Schleim- und Giftdrüsen, das giftige Sekret ist allerdings sehr schwach. Mit den Stichen können aber auch Bakterien in die Wunde gelangen und somit verschiedene Formen einer Vergiftung hervorrufen. Oft heilen Stichwunden an den Händen sehr langsam und eitern sehr stark. In schweren Fällen kann sich die Krankheit über lange Zeit hinziehen, und die Entzündungen heilen sehr schlecht. Die Schmerzen können sich bis zum Oberarm ausbreiten. Diese Symptome sind fast immer auf die bakterielle Infektion und selten auf das Gift und den Schleim des Fisches zurückzuführen. In leichten Fällen gehen die Schmerzen an der verletzten Stelle nach einigen Tagen zurück. Auf den Märkten wird *S. marinus* meist schon filetiert angeboten, denn er zählt zu den erstklassigen Speisefischen.

Den Kleinen Braunen Drachenkopf *Scorpaena porcus* finden wir im Mittelmeer und dem östlichen Atlantik. Der Körper ist rötlichbraun und trägt dunkle Flecken, Länge bis etwa 30 cm. Alle Stachelstrahlen sind mit Giftdrüsen versehen. Die Stiche sind für den Menschen sehr schmerzhaft.

Scorpaena porcus

Mit zahlreichen Hautlappen ist der Kopf des Großen Roten Drachenkopfes oder Großen Meersau *Scorpaena scrofa* versehen. Die Grundfarbe ist Rosa bis Rot, außerdem sind braune Flecken und manchmal gelbe Zwischentöne zu erkennen. Die ersten Stachelstrahlen der Rückenflosse und Kiemendeckeldornen führen Gift. Der Fisch ist im Mittelmeer und Teilen des östlichen Atlantiks beheimatet und wird bis etwa 50 cm lang.

Der Kleine Rote Drachenkopf *Scorpaena ustulata* (Synonym *S. notata*) hat keine Hautfransen, dafür ist der Vorderaugenknochen mit drei Stacheln besetzt. Die Grundfarbe ist Graubraun bis Rötlichbraun, manchmal ist er gelblich gefleckt. Den stachligen Teil der Rückenflosse ziert ein schwarzer Fleck. Er bewohnt die etwas tieferen Zonen des Mittelmeeres und des östlichen Atlantiks und wird bis etwa 18 cm lang.

Bei den Drachenköpfen sind die harten Strahlen der Rückenflosse bis fast an die Spitzen durch Flossenhaut verbunden und immer kürzer als die Körperhöhe. Der Schwimmer oder Schnorchler wird im Wasser von den Drachenköpfen fast nie angegriffen. Ein Aquarianer, der sich seine Fische im Urlaub selbst fängt, kann sich verletzen, wenn er den gefangenen Drachenkopf aus dem Netz nehmen will. Die Symptome sind fast die gleichen wie bei Stichen durch Rotfeuerfische.

Von allen Skorpionfischen sind Feuerfische der Gattungen *Pterois* und *Dendrochirus* mit ihren verlängerten Strahlen der Brust- und Rückenflossen die auffälligsten Wesen. Es ist verständlich, daß einige Eingeborenenstämme sie als „Blumen des Meeres" bezeichnen. Für den Taucher und Schnorchler ist es ein unvergeßlicher Anblick, wenn diese Fische paarweise langsam und voller Anmut im offenen Wasser dahingleiten und ihre federartigen Flossen sanft hin- und herschwingen. Aber Vorsicht, denn sie haben lange und spitze Stacheln. Umkleidet sind die Stacheln mit einer dünnen Bindegewebsschicht, in der die Giftdrüsen eingebettet sind. Die Fische besitzen die giftigen Stacheln nicht nur zum eigenen Schutz, sondern sie greifen auch andere Fische an, und auf den Schnorchler und Schwim-

▽ *Dendrochirus brachypterus* *Pterois antennata* ▷

mer gehen sie ebenfalls los, wenn sie sich bedroht fühlen. Es ist ein herrlicher Anblick, wenn sie bei Gefahr den Kopf neigen, die Rückenflossenstacheln dann nach vorn richten, um mit ruckartigen Schwimmstößen zu versuchen, dem Gegner die Stacheln in den Leib zu stoßen. Die Stachelstrahlen der Rükkenflosse stehen frei und sind nur an der Basis durch die Flossenhaut verbunden, sie sind fast immer sehr lang. In tropischen Ländern, in denen die giftigen Eigenschaften der Feuerfische bekannt sind, werden sie „Stachelfische oder Schmerzbringende Fische" genannt.

Nach dem Stich spürt man gleich starke Schmerzen, die sich ausbreiten und so stark werden, daß der Verletzte das Bewußtsein verlieren kann. In schweren Fällen kommt es zu Krämpfen, Atemnot, Herzbeschwerden und Schwäche, verbunden mit Fieber. All diese Symptome können bis zu 12 Stunden anhalten. Eine Schwellung der Stichstelle kann sich über mehrere Wochen hinziehen. Es gibt noch kein spezifisches Gegenmittel, auch eine Injektion mit einem Serum gegen Kobrabisse ist keine wirksame Hilfe, denn die Zusammensetzung und Wirkung des Fischgiftes gleicht keinesfalls dem der Kobra.

Sofort sollten wir bei einer Stichverletzung die Behandlung mit heißem Wasser einleiten, um die Schmerzen zu lindern. Ein Arzt sollt unbedingt ein kreislaufstärkendes Mittel spritzen. Über die Giftwirkung und die Folgen eines Stiches vom Rotfeuerfisch berichteten A. PACCAUD in den Zeitschriften „aquaria" und „Tropische Fische" Heft 5/52 und PETER CHLUPATY in der Ausgabe 34/72 von „Das Aquarium".

Der Rotfeuerfisch *Pterois volitans* ist wohl die bekannteste Art der Feuerfische. Die Grundfarbe ist Bräunlich bis Rötlich, zahlreiche dunkle Querbinden zieren Kopf und Körper, und die Flossen sind rötlich und tragen dunkle Flecke. Wir finden ihn im Roten Meer und im ganzen Indopazifik, er wird bis etwa 35 cm lang. Der Strahlenfeuerfisch *Pterois radiata* hat weiße Strahlen und lange Tentakel über den Augen. Die Strahlen der harten Rückenflosse und der Brustflossen sind sehr lang, die Schnauze ist zartrosa. Der Körper ist dunkelbraun bis tieforange, und die Flossen sind zartrot. Er bewohnt die gleichen

Gewässer wie *P. volitans,* erreicht aber nur eine Länge bis etwa 20 cm.

Ein Strahlensaum-Feuerfisch *Pterois lunulata* wird etwa 28 cm lang. Die rötlichbraune Grundfarbe wird von zahlreichen dunklen Querbinden an Kopf und Körper unterbrochen. Die Brustflossen haben einen breiten Hautsaum. Der Kopf wirkt etwas breiter und die dunklen Farben sind etwas zarter als bei *P. volitans.* Heimat sind die Korallenriffe des Indopazifiks.

Bis etwa 18 cm lang wird der *Dendrochirus zebra.* Die Brustflossenstrahlen sind durch Membranen miteinander verbunden. Die langen Rückenflossenstacheln sind höher als der Körper. Der rötlichorangefarbene Körper trägt dunkle Querbinden, von denen die letzte Binde von der Mitte zur Schwanzflossenbasis einen kurzen, waagerecht verlaufenden Balken hat. Daran ist die Art gut zu erkennen. Der lange Tentakel über jedem Auge ist dunkel und hell gebändert. Die Art bewohnt weite Teile der indopazifischen Küstengebiete.

Will man Skorpionfische pflegen, benötigt man ein Becken mit Steinen und Korallenskeletten, auch eine Höhle sollten wir nicht vergessen. Drachenköpfe sind keine fleißigen Schwimmer und halten sich anfangs fast immer etwas versteckt, werden aber bald zutraulicher und schwimmen dann auch am Tage etwas umher. Ein bezaubernder Anblick ist es, wenn Feuerfische mit ihren großen gespreizten Flossen im Becken stehen oder majestätisch durch das Becken gleiten. Gefressen werden kleine Fische und Garnelen. Schon nach kurzer Eingewöhnung werden auch tote Fische, Muschelfleisch, Leber und Rinderherz oder lebende Regenwürmer von der Pinzette genommen.

Fast alle Skorpionfische sind dankbare Pfleglinge, aber nur für den erfahrenen Seewasseraquarianer geeignet. Wie wir wissen, sind Skorpionfische mehr oder weniger stark giftig. Und auch der erfahrene Pfleger sollte stets mit der nötigen Vorsicht im Becken hantieren, damit er nicht mit den Stachelstrahlen in Berührung kommt. Verletzt man sich doch, sollte man unbedingt sofort zum Arzt gehen oder ihn anrufen. Die Vergiftungssymptome können sich manchmal so schnell entwickeln, daß der Verletzte wegen der starken Schmerzen nicht mehr dazu kommt, den Arzt aufzusuchen.

◁ *Pterois miles* △ *Pterois radiata* *Pterois volitans* ▽

Stein- oder Teufelsfische *Synancejidae*

Die Familie ist mit den Skorpionfischen nahe verwandt, diese Arten sind deutlich von der vorher beschriebenen Familie zu unterscheiden. Für den Schnorchler und Taucher sind die Steinfische fast nie oder nur sehr schwer zu erkennen und somit äußerst gefährlich. Sie liegen meist im Sand eingegraben und schauen nur mit den Augen und der Schnauze heraus. Andere liegen zwischen Steinen, Korallen und Muschelschalen regungslos, und da sie auch noch oft mit Algen überzogen sind, ähneln sie einem abgestorbenen Korallenstock oder einem bewachsenen Stück Fels. Der Steinfisch liegt dort nicht, um uns zu verletzen, sondern er wartet geduldig auf Beute. Kommen ihm kleine Fische zu nahe, so öffnet er sein breites Maul und der unvorsichtige Fisch ist durch den Sog blitzschnell im Rachen verschwunden.

Tritt man auf den Steinfisch oder drückt ihn mit der Hand, dringt wenigstens einer der Stacheln in die Haut und sofort fließt das Gift aus den Drüsen in die Wunde. Auf jeder Seite des Stachels befindet sich ein Giftsack. Für den Schnorchler, Taucher und Strandwanderer ein Glück, daß der Steinfisch sehr träge ist und seine Stacheln nur bei äußerster Gefahr einsetzt. Bei einer leichten Berührung reagiert er meist nicht, sonst würde es sicher viel mehr tödliche Unfälle geben. Steinfische gehören zu den gefährlichsten Giftfischen, die Wirkung der Stiche ähnelt denen der Familie *Scorpaenidae,* nur ist das Gift wesentlich stärker, und Todesfälle sind nicht selten.

Sofort nach einem Stich tritt ein stark brennender Schmerz auf, die Stichstelle schwillt an und nach wenigen Minuten breitet sich der Schmerz rund um die Stichstelle aus. Ist die Giftmenge erheblich, kann es zu Vergiftungserscheinungen und mehreren Anzeichen kommen, die das vegetative Nervensystem betreffen. Atembeschwerden mit Krampfzuständen und Atemnot verängstigen den Verletzten stark. Einen Verletzten sollte man so schnell wie möglich zum Arzt oder ins Krankenhaus bringen, denn es können Minuten über Leben und Tod entscheiden. Bei schwerer Atemnot müssen Apparate zur künstlichen Beatmung und Mittel zur Stärkung des Herzens angewandt werden.

Synanceja verrucosa

Leisten wir dem Verletzten erste Hilfe, so binden wir das verletzte Glied oberhalb der Stichstelle ab, erweitern die Einstichstelle durch einen Schnitt und saugen dann das Gift ab. Diese Mühe hat aber nur Erfolg, wenn sie in den ersten 10–15 Minuten angewandt wird. Heiße Umschläge legen wir auf die Stichstelle. Noch besser ist es, das verletzte Glied in heißes Wasser zu tauchen und zwar so heiß, wie es der Verletzte ertragen kann. Denn Hitze soll das Gift des Steinfisches zerstören. Eine Injektion direkt in die Wunde mit Emetinhydrochlorid kann helfen, wenn es in den ersten 30 Minuten gespritzt wird (HABERMEHL 1977). Am wirksamsten ist die Anwendung eines Antitoxins, welches das Gift neutralisieren kann (auch ein Kobragift-Antiserum ist kein sicheres Gegenmittel, es kann aber keinesfalls schaden). Das Frankfurter Exotarium steht mit den Wissenschaftlern der Commonwealth Serum Laboratories, Parkville, Melbourne, in Verbindung. Man hat inzwischen ein wirksames Antivenin gegen das Steinfischgift entwickelt. Einzelheiten wie z. B. die genaue Bezeichnung sind leider noch nicht bekanntgeworden.

Der Gewöhnliche Steinfisch *Synanceja verrucosa* ist im Indopazifik von der ostafrikanischen Küste bis Polynesien weit verbreitet und erreicht eine Länge bis etwa 30 cm. Auf dem breiten Kopf mit dem großen Maul sitzen die Augen auf der Oberseite. Der Körper ist fast so hoch wie breit und die waagerecht ansitzenden Flossen lassen diesen Fisch noch breiter erscheinen.

Fast genau so plump und breit wirkt der Teufelssteinfisch *Synanceja horrida.* Die Haut von Kopf und Körper ist oft mit großen Warzen bedeckt. Er ist im östlichen Indischen Ozean bis zum zentralen Pazifik zu finden, aber nicht so zahlreich wie die vorhergenannte Art. Die Art erreicht nicht selten eine Länge bis zu 30 Zentimetern.

Nicht so plump wirkt der Teleskopaugen-Steinfisch *Inimicus filamentosus,* weil der Körper nicht so breit ist wie bei den beiden anderen erwähnten Arten. Die Augen sind teleskopartig erhöht, das Maul ist bedeutend kleiner. Die ersten drei Stachelstrahlen sind durch Flossenmembranen miteinander verbunden und vom übrigen Teil der Rückenflosse abgesetzt. Die beiden untersten und somit vordersten Strahlen der großen Brustflosse sind ohne Flossenmembran und vom übrigen Teil der Brustflosse abgesetzt. Sie sind beinähnlich gestaltet und werden zum Laufen auf dem Sandboden benutzt. Er ist ein Bewohner der Sandzonengebiete, auch gräbt er sich in den weichen Sandboden ein. Wir finden diesen Steinfisch mit einer Länge von etwa 18 cm recht selten und fast nur im westlichen Indischen Ozean.

Gleichfalls ein Bewohner der Sandbodengebiete ist *Inimicus didactylus,* ihm fehlen die beiden oberen peitschenartigen Brustflossenstrahlen. Auch er gräbt sich gern in den Sandboden, so daß nur Augen, Schnauze und die Rückenflosse herausschauen. Die Art bewohnt den Indopazifik und wird bis etwa 15 cm lang.

Es gibt sicher bei uns nur sehr wenige Seewasseraquarianer, die Steinfische pflegen wollen. Sie werden aber über die nötige Erfahrung mit einem so giftigen Fisch verfügen. Wenn Steinfische auch dankbare Pfleglinge sind, lohnt es sich nach unserer Meinung jedoch nicht, ein Tier zu halten, das sich im Becken kaum bewegt.

△ *Synanceja horrida*

Synanceja verrucosa ▽

Stirnflosser oder Segelskorpionfische *Tetrarogidae*

Die Angehörigen dieser Familie bewohnen die Sandzonen, Tangfelder, Korallenriffe und felsigen Stellen der tropischen Küstenbereiche. Der harte Teil der Rückenflosse mit den Stachelstrahlen ist immer länger als der hintere weiche Teil. Die 12–18 harten Stachelstrahlen sollen auch giftig sein. Uns sind aber keine Symptome bekannt, die einer Vergiftung ähneln. Verletzt man sich an den Stacheln, so entsteht meist nur eine schmerzhafte normale Stichverletzung. Dringen mit dem Stich aber krankheitserregende Bakterien in die Wunde, kann es zu bösen eitrigen Verletzungen und schwer heilenden Entzündungen kommen. Also auch hier sollten wir stets vorsichtig sein und jeder Verletzung die nötige Beachtung schenken.

Beim Weißflecken-Skorpionfisch *Paracentropogon longispinis* ist das erste Drittel der Rückenflossenstrahlen nicht durch Membranen verbunden, und sie sind somit freistehende Stacheln. Die Grundfarbe ist rötlich, die Flossen haben braune Tupfen. Vom Rückenflossenansatz bis zum Maul zieht sich ein weißlicher, breiter Streifen. Heimat dieser bis etwa 8 cm lang werdenden Art ist der Indopazifik.

Der Gelbe Schaukelfisch *Taenionotus triacanthus* hat einen seitlich stark zusammengedrückten Körper. Die große hohe Rückenflosse mit 12 Stachelstrahlen und 10–11 Weichstrahlen beginnt über dem Augenhinterrand. Die fächerartigen Brustflossen und auch die Strahlen der Bauch- und Afterflossen sind durch Membranen verbunden. An Kopf und Kinn befinden sich kleine Hautlappen, über den Augen sitzen kleine, breite Hautanhänge. Die Körperfarbe ist recht variabel von bräunlich, schwarz bis grünlich, meist jedoch gelblich. Manche Exemplare haben kleine helle Tupfen auf den Körperseiten, besonders auf der stachligen Rückenflosse. Alle 14 Tage häuten sich diese Fische. Der Schaukelfisch kommt im ganzen tropischen Indopazifik von Ostafrika bis Hawaii vor und wird bis etwa 10 cm lang.

Im Aquarium sind diese plumpen Tiere schwer zu halten, sie benötigen unbedingt einen sandigen Bodengrund. Gefressen werden kleine Fische. Man sollte aber möglichst nur am Boden

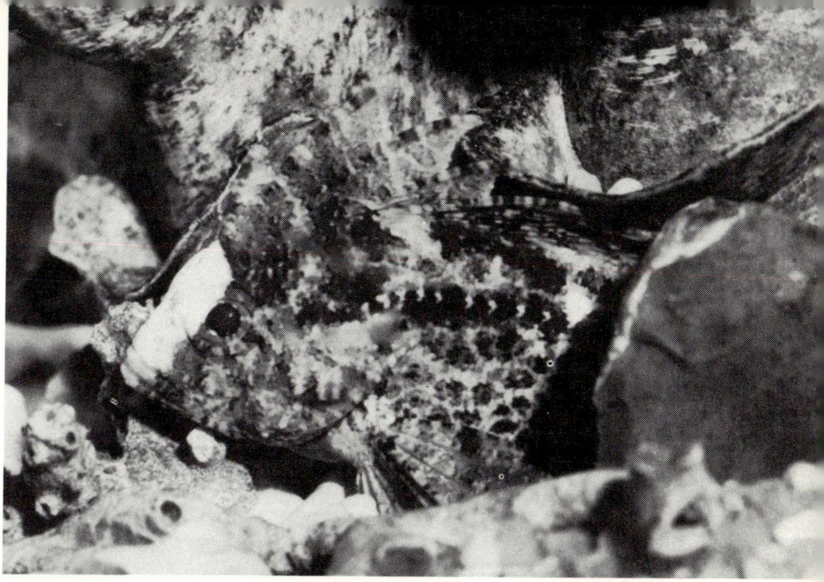

Paracentropogon longispinis

schwimmende Arten füttern, denn der Schaukelfisch ist ein ausgesprochener Bodenfisch und schwimmt so gut wie gar nicht. Auch ist es fast unmöglich, ihn an tote tierische Nahrung zu gewöhnen. Man kann mehrere Exemplare zusammen pflegen, am besten aber hält man sie ohne andere Arten. Wie die meisten Scorpaeniden häuten sich auch Segelskorpionfische, meistens wird die Haut in fast einem Stück abgeworfen.

Groppen *Cottidae*

Die etwa 300 Arten der Familie sind fast alle Bodenbewohner des Meeres, einige leben im Brackwasser, auch im Süßwasser können wir Angehörige der Familie feststellen.

Den Seeskorpion *Myoxocephalus scorpius* finden wir im Atlantik, der Nordsee und recht häufig in der Ostsee mit einer Länge bis etwa 30 cm. Die vordere Rückenflosse ist mit harten Strahlen besetzt, auch an den Kiemendeckeln befinden sich scharfe Stacheln, die eine Giftwirkung entfalten. In der Rinne des Stachels befindet sich der aus zwei Hautsäckchen bestehende Giftapparat. Sie sollen aber nur während der Laichzeit von November bis Januar toxisch sein, denn in den übrigen Monaten fehlen in den Hautsäckchen die Drüsenzellen (nach Untersuchungen von BOTTARD). Nur so ist es erklärlich, daß die Symptome des Stiches vom Seeskorpion recht unterschiedlich sind. Auch hier erkennen wir, daß auf dem Gebiet der giftigen Fische noch recht viel Forschungsarbeit geleistet werden muß.

Die Büffelgroppe *Enophrys bison* besitzt einen sehr langen Dorn am vorderen Kiemendeckel. Heimat ist der Pazifik von Alaska bis Südkalifornien. Die Länge beträgt bis etwa 30 cm. Fast 80 cm lang wird *Scorpaenichthys marmoratus.* Sein Fleisch ist sehr schmackhaft, wird aber nicht gern verzehrt, weil es meist eine grünliche Färbung hat. Der Rogen ist giftig und darf nicht gegessen werden. Nach dem Genuß des giftigen Rogens, kann es zu leichten Vergiftungen kommen. Die Symptome sind heftige Magenschmerzen, verbunden mit Übelkeit und starken Kopfschmerzen. In schweren Fällen Atembeschwerden und Schmerzen des Zwerchfells. Aber all diese Vergiftungserscheinungen sind ohne bleibende Folgen und klingen fast immer nach einigen Tagen ab.

Drachenfische *Trachinidae*

In der europäischen Region finden wir vier Arten dieser Familie. Der langgestreckte, zusammengedrückte Körper ist nackt oder mit kleinen Rundschuppen bedeckt. Die nach oben gerichteten Augen liegen hoch an den Kopfseiten. Es sind ausgesprochene Bodenfische und tagsüber fast immer im Sand eingegraben, nur der Kopf und die erste Rückenflosse sind zu erkennen. Die Kiemendeckel haben je einen nach hinten gerichteten starken Giftstachel. Die erste Rückenflosse hat 4–7 Stachelstrahlen, die an ihrer Basis Giftdrüsen besitzen. Die zweite Rücken- und Afterflosse ist sehr lang.

Die Viperqueise oder Kleines Petermännchen *Trachinus vipera* erreicht eine Länge bis etwa 15 cm. Der seitlich abgeflachte Körper ist etwas höher als bei seinen größeren Verwandten. Die erste Rückenflosse ist schwarz und hat 5–7 Giftstacheln und je einen langen Giftstachel auf den Kiemendeckeln. Wir finden sie auf Sandgründen von 1–50 m Tiefe im Mittelmeer, der Nordsee und im Atlantik.

Das Gestreifte Petermännchen *Trachinus radiatus* wird bis 25 cm lang. Auf den Kiemendeckeln sitzt je ein kräftiger Giftstachel, und sechs Giftstacheln hat die erste Rückenflosse. Die Membrane zwischen den ersten 4 Rückenflossenstacheln ist schwarz. Vor den Augen sitzen 2–3 kleine Kopfstacheln. Die Art bewohnt das Mittelmeer und den Atlantik.

Im Mittelmeer ist das Gefleckte Petermännchen *Trachinus araneus* beheimatet. Die erste Rückenflosse hat sieben Giftstacheln und je ein paar kleine Kopfstacheln stehen vor den Augen. Die vordere Hälfte der ersten Rückenflosse ist schwarz. Der Rücken ist braun bis gelblichbraun, zur Bauchseite wird die Färbung etwas heller. Auf den Flanken finden wir 7–11 dunkle Flecken. Die Art wird bis etwa 25 cm lang, selten bis 40 cm. Meist lebt sie halbeingegraben im Sandgrund des Flachwassers in der Nähe von Felsen oder Seegraswiesen.

Bis etwa 45 cm lang wird das Große Petermännchen *Trachinus draco*. Die erste Rückenflosse hat 5–7 kräftige Giftstacheln, oberhalb der Augen je einen kleinen Kopfstachel und auch die Kiemendeckel tragen einen starken Giftstachel. Heimat: Mittelmeer, Atlantik und Nordsee, selten in der Ostsee.

Nie sollte man ohne Turnschuhe mit dicker Sohle ins Wasser gehen, denn die Angehörigen der Familie *Trachinidae* gehören zu den giftigsten Fischen der europäischen Küsten. Der Giftapparat der Petermännchen besteht aus den großen Kiemenstacheln und den Hartstrahlen der ersten Rückenflosse. In den Rinnen der Stacheln und Stachelstrahlen liegen die Giftdrüsen. Das Gift hat neurotoxische und hömotoxische Wirkung, denn es ist ein Nerven- und Blutgift. Nach dem Stich macht sich starker Schmerz bemerkbar und heftige Entzündungen und Schwellungen können am ganzen Körper auftreten. Gelangen große Mengen des Giftes in den Körper, zerstört es die roten Blutkörperchen und lähmt gleichzeitig die Nerven. Es kommt zu einer Störung des Kreislaufes und Schädigung des Herzmuskels. Eine unangenehme Wirkung auf den Verletzten ist das Verkrampfen der Atemmuskulatur, meistens gehen die Krampfzustände schnell vorbei.

Es treten sehr schwere Fälle durch die Petermännchen recht selten auf. Oft heilen die tiefer gelegenen Gewebe nach dem Stich nicht, und es entstehen Geschwüre, deren Heilung sich über Monate hinziehen kann. Es ist noch nicht ganz geklärt, ob *Trachinus* wirklich so furchtbar giftig ist. Wir mahnen jedenfalls immer zur Vorsicht. Man muß hier von einer gefährlichen Vergiftung sprechen, wenn sie tödlich enden kann, obwohl vielleicht dann auch noch andere Faktoren schuld daran sind, z. B. ein Schock des Verletzten während der Verkrampfung der Atemmuskulatur.

Da auch das Gift der Petermännchen wärmeempfindlich ist, behandeln wir die Stichwunde sofort mit heißem Wasser und

Trachinus draco

zwar so heiß, wie es der Verletzte ertragen kann. Soll diese Behandlung Erfolg haben, müssen wir 1–2 Stunden heiße Kompressen auflegen oder das verletzte Glied in heißes Wasser tauchen. Danach reinigen wir die Wunde und desinfizieren sie, um eine Infektion zu vermeiden.

Petermännchen sind vorzügliche Speisefische. Aber auch bei der Zubereitung des Fisches müssen wir uns vor den spitzen Stacheln in acht nehmen, denn eine Verletzung durch das tote Tier kann ebenfalls zu Vergiftungen führen.

Stachel von *Trachinus draco*

Himmelsgucker *Uranoscopidae*

Weltweit verbreitet in den gemäßigten und tropischen Meeren im Flachwasser und auch in großer Tiefe sind die Angehörigen dieser Familie. Ungefähr 25 Arten sind uns bekannt, und flüchtig betrachtet, ähneln die Himmelsgucker den Petermännchen. Sie unterscheiden sich aber von ihnen durch einen größeren Kopf und die bedeutend kleinere Rückenflosse. Einige Angehörige der Familie verfügen über ein kleines, aber recht intensiv wirkendes elektrisches Organ, das in zwei ovalen Taschen hinter den Augen liegt. Es dient sicher der Verteidigung und vielleicht auch dem Orten der Beute.

Im Mittelmeer und dem Schwarzen Meer lebt der Gemeine Himmelsgucker oder Meerpfaff *Uranoscopus scaber* mit einer Länge bis etwa 30 cm. Einige Himmelsgucker, so auch der Meerpfaff, haben am Kinn kurze wurmförmige Fortsätze. Im Sand eingegraben locken sie damit Beute an.

Der Giftapparat der Himmelsgucker besteht aus dem großen Kiemendorn, der am Ende stark zugespitzt ist. Jeder Stachel

Uranoscopus scaber

hat zwei Längsrinnen und an der Basis sitzen die Giftdrüsen. Nach dem Stich soll es schon Todesfälle gegeben haben. Der Verletzte spürt nach dem Stich sofort brennenden Schmerz. Ferner klagt er über Herzschmerzen und Atemnot. Das eingedrungene Gift wird vom Lymphsystem aufgenommen, es entzünden sich die Lymphgefäße und die Lymphknoten. Nach etwa 2–3 Tagen tritt meist schon eine Besserung ein. Die Symptome ähneln dem Stich der Petermännchen, und deshalb sollten wir den Verletzten auch in derselben Weise behandeln.

Eine Länge von etwa 55 cm erreicht der Nördliche Himmelsgucker *Astroscopus guttatus.* Im Atlantischen Ozean ist er zwischen Steinen oder im Sand eingegraben weit verbreitet. Auch der Nördliche Himmelsgucker besitzt starke Dornen an den Kiemendeckeln, an deren Basis Giftdrüsen liegen.

Schleimfische *Blenniidae*

Schleimfische leben in fast allen Meeren, es sind Bewohner der flachen Küstenzone, der abgestorbenen Korallenriffe und der Felsklippen. Der längliche Körper ist entweder mit kleinen Schluppen oder mit einer dicken Schleimschicht bedeckt. Fast alle Schleimfische sind herrlich buntgefärbt und zu einem schnellen Farbwechsel fähig.

An den westeuropäischen Küsten und in der Nordsee lebt der Schan *Blennius pholis.* Er hält sich meist in der Gezeitenzone auf und bleibt bei Ebbe in Tümpeln und Löchern zurück, erreicht eine Länge bis etwa 18 cm und hat eine in der Mitte eingekerbte Rückenflosse.

Der Seeschmetterling *Blennius ocellaris* erreicht eine Länge bis etwa 16 cm. Er ist leicht an dem großen dunklen Augenfleck auf dem vorderen hohen Teil der Rückenflosse zu erkennen. Wir finden ihn im Mittelmeer und in Teilen des gemäßigten Atlantiks. Der Gestreifte Schleimfisch *Parablennius gattorugine* besitzt sehr große, gefranste Augententakel. Wir finden ihn im Mittelmeer und im Ostatlantik. Er erreicht eine Länge von 20–25 cm. Einen kurzen Augententakel und nicht gefranst hat der Pfauenschleimfisch *Salaria pavo,* Synoym *Blennius pavo.* Er lebt im Mittelmeer und östlichen Atlantik und wird bis etwa 12 cm lang.

Parablennius rouxi

Bei *Ophioblennius steindachneri* wurden Giftstoffe in den Eingeweiden nachgewiesen (B. W. HALSTEAD und D. W. SCHALL 1955). *Ophioblennius* ist keine Unterfamilie der Schleimfische, wie man einige Zeit annahm. Es handelt sich um Jungfische, die eine pelagische Entwicklungsstufe durchmachen, bevor sie ihre normale Lebensweise am Boden aufnehmen. Es sind überwiegend die Arten der Unterfamilie *Salariinae,* die Algen vom felsigen Untergrund abraspeln.

Der Zitronen-Lyrafisch *Meiacanthus atrodorsalis oualanensis* kommt im westlichen Pazifik vor. Seine Länge beträgt 7–10 cm. Körper und Flossen sind gelbgefärbt und die äußeren Strahlen der Schwanzflosse fadenförmig ausgezogen. Die Gattung *Meiacanthus* führt überwiegend eine freischwimmende Lebensweise. Von den anderen Blenniiden unterscheiden sie sich durch zwei große im Unterkiefer sitzende Fangzähne, die mit Giftdrüsen in Verbindung stehen. Raubfische meiden diesen kleinen Fisch, und so können wir annehmen, daß das Gift eine starke Wirkung hat. Einige Blenniiden ahmen Farbe und Bewegungen der Meiacanthus-Arten nach und sind somit vor Feinden geschützt. Mit Zeichnung und Färbung imitiert der Falsche Putzerfisch *Aspidontus taeniatus* den echten Putzerfisch *Labroides dimidiatus* und schwimmt große Fische an. Er will sie aber nicht von Parasiten befreien, sondern versucht, Stücke aus der Haut oder den Flossen zu beißen.

Pflegen wir im Aquarium einen Zitronen-Lyrafisch, müssen wir vorsichtig sein, denn der Biß ist recht schmerzhaft. Über die Wirkung des Giftes ist uns nichts Näheres bekannt.

Fast alle Arten der Schleimfische sind dankbare und haltbare Pfleglinge. Sie benötigen im Becken viele Verstecke, auf den Boden sollte man einige leere Muschelschalen und Schneckenhäuser legen. Manche Arten halten sich auch gern außerhalb des Wassers auf, deshalb sollte man ihnen einen Stein ins Bekken stellen, der etwas aus dem Wasser ragt. Dieser Stein sollte immer gut mit Algen bewachsen sein, denn diese amphibisch lebenden Arten sind überwiegend Algenfresser. In einem Ersatzbecken sollten wir für diese Fische Algenkulturen ansetzen, damit wir immer einen Vorrat an Faden- und anderen Algen haben. Die nicht vegetarisch lebenden Arten fressen kleine Krebse, gehacktes Muschelfleisch, Mückenlarven, Regenwurmstückchen, Tubifex, Rinderherz, Fischfleisch, und auch Trockenfutter wird genommen. Selbst der Anfänger wird an diesen munteren Fischen viel Freude haben, denn hält man sich nur ein Pärchen, so genügt ein kleines Becken.

Leierfische *Callionymidae*

Die Arten dieser Familie kommen in den tropischen und gemäßigten Meeren vorzugsweise über Sand- und Schlammgrund und der Litoralzone vor. Alle besitzen am vorderen Kiemendeckel je einen nach hinten gerichteten und oft gezackten Stachel. Die erste Rückenflosse ist kurz und hat drei bis vier Stachelstrahlen, beim Männchen zur Laichzeit lang ausgezogen. Die zweite Rückenflosse ist länger und mit sieben bis zehn Weichstrahlen versehen.

Im Mittelmeer, Atlantik und der Nordsee, selten in der Ostsee, finden wir den Gestreiften Leierfisch *Callionymus lyra.* Weibchen erreichen eine Länge bis etwa 20 cm, Männchen bis ca. 30 cm. Fischer nennen den Gestreiften Leierfisch auch Giftfisch, denn der Stachel am Vorderkiemendeckel mit kleinen Widerhaken besetzt, kann recht schmerzhafte und schwer heilende Wunden reißen. In den Stacheln befinden sich zwei Drüsensäkke. Während der Laichzeit wird in den Drüsen ein schwach toxisches Sekret gebildet. Es muß aber noch genau untersucht werden, ob das giftige Sekret nur während der Laichzeit in den Drüsen vorhanden ist.

Der Gefleckte Leierfisch *Callionymus maculatus* lebt im Mittelmeer und Atlantik, selten in der Nordsee. Männchen erreichen eine Länge bis etwa 15 cm, Weibchen ca. 12 cm. Bei laichreifen Männchen reicht der erste Rückenflossenstrahl bis zum Ende der zweiten Rückenflosse. Der Kiemenstacheldorn hat vier Zacken. Diese Art hält sich auf Sandgrund, nicht selten eingegraben, aber auch unter Steinen auf. Während *C. lyra* auch im Flachwasser vorkommt, sucht *C. maculatus* oft größere Tiefen auf.

Bis zu 5 cm lang wird der Paletten-Leierfisch *Synchiropus picturatus.* Heimat ist der Indo-Australische Archipel. Seine Körpergrundfarbe, grünlich bis rötlich, wird durch kleinere und größere dunkelgrüne Flecken unterbrochen. Diese Flecken werden von drei Ringen eingefaßt, die innen rötlich, in der Mitte schwarz und außen blaugrün sind. Brust- und Bauchflossen sind hellorangefarben, die Schwanzflosse grünlich, hintere Hälfte oft dunkel.

Der Mandarin-Leierfisch *Synchiropus splendidus* erreicht eine Länge bis 10 cm. Er bewohnt den Indo-Australischen Archipel. Der erste harte Rückenflossenstrahl ist beim Männchen bedeutend länger als bei *S. picturatus.* Der Mandarin-Leierfisch hat auch je einen Dorn am vorderen Kiemendeckelknochen.

Wer diese Fische pflegen will, braucht im Becken mehrere Verstecke und einen Sandboden, denn sie graben sich gern ein. Die tropischen Arten sind zwar herrliche Fische, aber leider nicht ganz leicht zu halten. Es wird fast nur lebendes Futter genommen, auch lassen sie sich sehr viel Zeit beim Fressen. Und so können wir sie nur mit Fischen zusammen pflegen, die ihnen das Futter nicht wegschnappen. Untereinander sind sie meist

Synchiropus picturatus

recht unverträglich, und man sollte möglichst immer nur ein Pärchen pflegen. Die Arten aus dem Mittelmeer und der Nordsee brauchen gekühltes Wasser. Gefressen werden kleine Krebse und Würmer, Muschelfleisch wird ebenfalls genommen. Mittelmeerarten wie *C. lyra* sind ausgewachsen nicht für das normale Zimmeraquarium geeignet. Leierfische sind keinesfalls Pfleglinge für den Anfänger.

Feilenfische oder Einstachler *Monacanthinae*

Die Arten dieser Unterfamilie der Drückerfische *Balistidae* haben einen weit nach vorn aufstellbaren Stachel in der ersten Rückenflosse, der durch den zweiten kleineren Stachel arretiert wird. Außerdem ist ein aufrichtbarer Bauchstachel vorhanden. Der Körper ist seitlich stark abgeflacht, das Schuppenkleid rauh wie Sandpapier (daher sicher auch der Name Feilenfisch). Wir finden sie in fast allen tropischen Meeren in der Nähe von Riffen und flachen Algenfeldern. Gefressen werden Schwämme, Korallenpolypen, Anemonen, aber auch Würmer, kleine Krebse und Schnecken werden nicht verschmäht. Sie haben ein starkes Farbwechselvermögen, sind gut getarnt und passen sich somit gut der Umgebung an.

Beim Fächerbauch *Monacanthus chinensis* wirkt der Bauchlappen mit dem aufgerichteten Bauchstachel wie ein großer Fächer. Seine Heimat ist der Indopazifik und jahreszeitlich ist er unterschiedlich giftig.

Die Grundfarbe des Schmuckfeilenfisches *Chaetodermis spinosissimus* ist Schmutziggelb mit unregelmäßigen dunklen Flekken und Längsstreifen. Der Körperrand und der erste Rückenflossenstachel tragen zahlreiche verzweigte, federartige Hautanhängsel. Er lebt im Indopazifik und wird bis etwa 20 cm lang. Der Atlantik-Einstachler *Stephanolepis hispidus* hat eine graubraune Grundfarbe und dunkle Flecken. Die Länge beträgt bis etwa 25 cm. In der Karibik und an der tropischen westafrikanischen Küste ist er beheimatet. Fleisch und Geschlechtsprodukte sind je nach Jahreszeit giftig.

Oxymonacanthus longirostris

Der Orangepunkt-Feilenfisch *Oxymonacanthus longirostris* hat eine gelbgrünliche bis zartblaugrüne Grundfabe und Reihen runder oder länglicher orangefarbener Flecken. Der Rükkenflossenstachel ist gelb wie die Schwanzflosse. Er wird bis etwa 10 cm lang und bewohnt den Indischen Ozean und den westlichen Pazifik.

Alle Feilenfische hier aufzuzählen, ist nicht möglich. Sie sind aber fast alle für die Ciguatera-Vergiftung verantwortlich.

Die Lederjacken *Aluteridae* werden heute auch zu einer eigenen Familie zusammengefaßt, früher wurden sie mit zu den Feilenfischen gerechnet. Osbecks Lederjacke *Alutera scripta* finden wir in fast allen tropischen Meeren. Der Rückenflossenstachel ist lang und dünn und sitzt genau über der Augenmitte, die Haut ist samtartig weich. Die Grundfarbe ist Gelb bis Olivbraun, Kopf und Körper sind mit blauen Flecken und Linien sowie mit dunklen Tupfen geziert. Er erreicht eine Länge bis etwa 90 cm. Auch diese Familie gehört zu den Ciguatera-toxischen Fischen.

Drückerfische *Balistidae*

Sämtliche Angehörigen dieser Familie mit etwa 40 Arten sind herrlich gefärbt, der Körper ist oval und seitlich stark zusammengedrückt, das Maul klein mit fleischigen Lippen und kräftiger Bezahnung. Die erste Rückenflosse besteht aus drei Knochenstrahlen, richtet sich der erste Stachel auf, dann bewegt sich der zweite nach vorn und sorgt wie eine Sicherung dafür, daß der erste Stachel nicht umgelegt werden kann. Der dritte Stachel ist von dem ersten und zweiten Stachel getrennt. Den Namen Drückerfisch übernahm man von der englischen Bezeichnung „triggerfish"; trigger ist der Abzug am Gewehr. Der Vorgang der beiden Rückenflossenstacheln erinnert an die Sicherung bei einem Gewehr. Bei Gefahr flüchtet der Drückerfisch in Spalten, Höhlen oder zwischen die Äste eines Korallenstockes und richtet sofort seine Stacheln auf. Es ist nun nur mit einem Trick möglich, den Drückerfisch aus seinem Versteck zu ziehen. Den Trick kennen die einheimischen Fischer schon seit Jahrhunderten: Ein leichter Druck auf den dritten Flossenstrahl läßt die Flosse zusammenklappen (siehe Seite 228 „Meine Erfahrungen mit Korallenfischen im Aquarium" v. PETER CHLUPATY).

Den Picassofisch *Rhinecanthus aculeatus* finden wir im ganzen Indopazifik mit einer Länge bis etwa 30 cm. Er hat ein kleines Maul, wirkt aber durch einen nach hinten gezogenen dunklen Streifen bedeutend größer. Durch die Querbinden vom Auge zur Brustflossenbasis erscheint der Kopf, der ein Drittel des Körpers einnimmt, noch größer. Die Grundfarbe ist Hellila bis Olivgrau, die Körperunterseite weißlich. In der Mitte sind die Flanken bräunlich, von der Körpermitte ziehen sich zur Afterflosse 4–5 gelblich-weiße Binden. Die Flossen sind fast farblos.

Gleichfalls herrlich gefärbt ist der Diamant-Picassofisch *Rhinecanthus rectangulus* aus dem Indopazifik mit einer Länge bis etwa 25 cm. Ein schwarzes Band zieht von der Stirn zum Bauch und ist blaugesäumt, vom Auge zur Brustflosse verläuft eine blaugerandete Binde. Auf dem Schwanzstiel befindet sich ein schwarz-blaugesäumter dreieckiger Fleck. Die Flossen sind hell, die erste Rückenflosse ist bläulich.

△ *Rhinecanthus aculeatus* *Balistes vetula* ▽

Der Gestreifte Drückerfisch *Balistapus undulatus* erreicht eine Länge bis etwa 35 cm. Wir finden ihn im Roten Meer und an der ostafrikanischen Küste bis zu den Hawaii-Inseln. Die blauviolette Grundfarbe ist mit ca. 18 zarten goldgelben Längsstreifen geziert. Zwischen Augen und Maul sind über 100 kleine gelbe Punkte in Querreihen angeordnet. Die Flossen sind gelb bis orangefarben. Der Königin-Drückerfisch *Balistes vetula,* Rotzahn-Drückerfisch *Odonus niger* und der Verwandlungs-Drückerfisch *Pseudobalistes fuscus* sind alle herrlich gefärbte Fische. Man könnte hier noch viele erwähnen. Bei allen Angehörigen sind die Geschlechtsprodukte und das Fleisch je nach Jahreszeit oder jahreszeitlich giftig. Am giftigsten ist der Leoparden-Drückerfisch *Balistoides conspicillum.* Schon kurze Zeit nach dem Genuß des Fleisches treten Vergiftungserscheinungen der Ciguatera auf. Besonders auffällig ist hier die Umkehr der Sinnesempfindungen. Warme Gegenstände fühlen sich kalt an, ein kalter Regen erweckt den Eindruck, daß man lebend gebrüht wird. Die völlige Genesung kann sich über Monate, oft sogar Jahre hinziehen. Ein von solcher Vergiftung Genesender blies auf seine Portion Eis, um sie abzukühlen.

Fast alle Drückerfische sind recht haltbare Pfleglinge für den Seewasseraquarianer, auch der Anfänger kann diese herrlichen Fische pflegen. Im Becken müssen einige Höhlen und Verstecke aus Steinen oder Korallen sein, damit sie sich bei Gefahr und auch zum Schlafen zurückziehen können. Füttern müssen wir recht abwechslungsreich Garnelen, Rinderherz, Muschelfleisch, kleine Muscheln mit Schale, Fischfleisch, Regen- und Mehlwürmer, Insektenlarven, Spinat und Salat. Manche Arten nehmen vorzugsweise Pflanzenkost.

Drückerfische sollte man allein halten, denn sie sind mehr oder weniger besonders Artgenossen gegenüber recht bissig. Aber auch sonst sind sie recht unverträglich. Beim Hantieren im Becken kann es passieren, daß der Pfleger gebissen wird. Die kleinen spitzen Zähne verursachen eine stark blutende Wunde. Drückerfische halten sich bei guter Pflege viele Jahre in Gefangenschaft. Sollte ein Drückerfisch sterben, dürfen wir niemals das Fleisch an andere Fische oder sonstige Haustiere verfüttern, denn das Fleisch ist stark giftig.

Odonus niger

Kugelfische *Tetraodontidae*

Die Kugelfische mit über 90 Arten finden wir in den warmen Meeren, nur wenige im Brackwasser, einige leben ständig im Süßwasser. Sie können soviel Luft oder Wasser schlucken, daß sie sich wie ein Ballon aufblähen und damit vor manchem Raubfisch geschützt sind. Geschluckte Luft kann nur langsam wieder ausgestoßen werden. Dabei entstehen trommelnde Geräusche, die von einigen Eingeborenenstämmen als Geisterstimmen gedeutet werden. Wir unterteilen Kugelfische in Rundkopfkugelfische *Tetraodontinae* und Spitzkopfkugelfische *Canthigasterinae*. Bei fast allen Arten ist in den Gonaden, der Leber und dem Blut ein tödliches Gift, das Tetrodotoxin. Dieses Gift ist am stärksten kurz vor dem Ablaichen, also im Frühjahr bzw. Anfang des Sommers.

Trotz seiner Giftigkeit wird der Kugelfisch als Delikatesse sowohl roh wie gekocht gern gegessen, besonders in Japan. Das sorgfältige Entfernen der das Gift enthaltenden Organe ist nötig, denn unsachgemäß zubereitete Kugelfische führen bei rund 60% der Vergiftungen zum Tode. Darum müssen Köche in Japan eine Fugu-Schule besuchen und erhalten nach dem Lehrgang ein Diplom, erst dann dürfen sie die verschiedenen Fugu-Gerichte herstellen.

Kugelfische sind dankbare Pfleglinge und erkennen sehr bald ihren Pfleger, der ihnen das Futter gibt. Trotz ihrer plumpen Gestalt sind sie recht wendig. Untereinander sind sie recht unverträglich, während andere größere Fische im Aquarium nicht beachtet werden. Gefressen werden Schnecken, Krebse und Muscheln, also meist eine hartschalige Nahrung.

Ein herrlicher Fisch ist der Weißflecken-Kugelfisch *Arothron hispidus* aus dem Roten Meer und tropischen Indopazifik mit einer Länge bis etwa 50 cm. Der Pfauenaugen-Spitzkopfkugelfisch *Canthigaster margaritatus* hat eine braune bis braunrote Grundfarbe und blaue Flecken, der Bauch ist gelblichweiß. Unter der Rückenflosse zeigt er einen dunkelblauen umrandeten Augenfleck. Er ist recht aggressiv gegen Artgenossen, anderen Fischen gegenüber friedlich, im Indischen und Stillen Ozean beheimatet und wird bis etwa 15 cm lang. Wir könnten hier

△ *Arothron hispidus*

Arothron aerostaticus ▽

△ *Arothron diadematus*

Arothron reticularis ▽

noch viele dieser schönen Fische für den Seewasseraquarianer aufzählen, aber, wie schon erwähnt, sind sie fast alle giftig, und darüber wollen wir ja vor allem berichten.

Das Gift der Kugelfische, Tetrodotoxin, ist besonders von den Japanern ziemlich genau untersucht worden. Nach Ansicht von TAHARA und ISHIHARA (1917) gehört es weder zu den Proteinen noch zu den Alkaloiden. Auch andere Forscher wie YOKOO und MAROSOWA (1955) kamen fast zu den gleichen Ergebnissen. Wir wollen hier noch einige Forscher namentlich erwähnen: TSUDA, GOTO, KAWAMURA, LARSON, SIMAN und VILLEZ. Sie alle führten biochemische Untersuchungen des Giftes durch. Genau ist alles noch nicht geklärt, mit Sicherheit können wir aber behaupten, daß es sich um ein Gift handelt, das auf das Nervensystem und direkt auf das Herz wirkt.

Die Symptome der Vergiftung zeigen sich innerhalb von 5–30 Minuten nach dem Verzehr des Fisches. Der Kranke sieht sehr blaß aus und klagt über allgemeine Schwäche und Schwindelgefühl. An den Lippen, der Zunge und im Rachen spürt er ein Prickeln, das später auch in den Fingerspitzen und Zehen auftritt. Man hat das Gefühl, sich übergeben zu müssen, aber trotz Übelkeit geschieht es nur sehr selten. Der Puls ist schwach und schnell, die Atmung vermindert sich sehr stark. In schweren Fällen kommt es zu sehr starken Schmerzen beim Atmen, Muskelschmerzen und einer allgemeinen Erschlaffung des ganzen Körpers. Die Körpertemperatur sinkt auf 35° C. Innerhalb von 6–24 Stunden tritt der Tod durch Atemlähmung ein. Bei leichten Vergiftungen erfolgt eine Besserung nach wenigen Stunden und bleibt ohne weitere Folgen. Diese Vergiftungen treten aber nicht nur in Japan, sondern im ganzen ostasiatischen und pazifischen Raum auf.

Zur Behandlung geben wir den Patienten sofort ein starkes Brech- und Abführmittel, das aber nur Erfolg hat, wenn es gleich in den ersten Minuten verabreicht wird. Wie erwähnt, besteht ein Brechreiz, aber der Vergiftete kann sich nicht übergeben. Sollte es uns gelingen, den Kranken zum Brechen zu bringen und ist ein Arzt zur Stelle, kann er noch zusätzlich eine Magenspülung machen. Ist das gelungen, hat man viel erreicht, denn das Gift wird dadurch aus dem Körper ausgeschieden.

△ *Arothron citrinellus* *Diodon holacanthus* ▷

Hat diese erste schnelle Behandlung keinen Erfolg, muß der Arzt versuchen, die Lähmung des Zwerchfelles mit entsprechenden Mitteln abzuschwächen bzw. zu beseitigen und somit die normale Atmung wieder herzustellen.

Wer einen Kugel- oder Igelfisch mit der Angel gefangen oder der Harpune erlegt hat, sollte darauf verzichten, sich davon eine Mahlzeit zu bereiten. Will man den Fisch doch essen, ist es unbedingt notwendig, alle Innereien sorgfältig zu entfernen und den ausgenommenen Fisch mehrmals mit Salzwasser auszuwaschen. Wir würden auf eine derartige Mahlzeit verzichten! Wie sagt doch Halstead sehr treffend: „Bestenfalls ist das Verzehren von Kugelfischen ein Russisch-Roulette-Spiel."

Igelfische *Diodontidae*

Igelfische können sich wie Kugelfische bei Gefahr aufblähen. Die normalerweise am Körper zurückgelegten Stacheln richten sich beim Aufblähen auf. Der Fisch ähnelt nun einem stachligen Ball und ist somit für einen Feind fast unangreifbar. Am Riff von Mombasa haben wir beobachtet, daß es unerfahrene Fische gibt, die sich nicht abschrecken lassen, in einen derartigen stachligen Ball zu beißen. Die Freßgier der Muräne endete für beide Tiere tödlich. Igelfische sind Bewohner der tropischen Meere und leben vorwiegend in der Nähe von Korallenriffen. Es sind ungefähr 15 Arten, die sich von hartschaligen Tieren ernähren.

Der Braunflecken-Igelfisch *Diodon holacanthus* erreicht eine Länge bis etwa 50 cm. Wir finden ihn in fast allen tropischen Meeren.

Im Aquarium sind Igelfische recht dankbare und lange lebende Pfleglinge. Artgenossen gegenüber sind sie recht aggressiv, zu anderen Mitbewohnern meist friedlich. Ein kleiner Fisch im Becken kann allerdings mal gefressen werden. Der Pfleger wird nach einiger Zeit erkannt, und bringt er Futter, so kommt der Igelfisch angeschwommen.

Wie bei den Diodon-Arten sind bei den Angehörigen der Gattung *Lophodiodon* die Geschlechtsprodukte, Leber und das Blut giftig. Vergiftungen durch Igelfische behandeln wir wie die der Kugelfische, denn die Symptome ähneln sich.

Kofferfische *Ostraciontidae*

Kofferfische sind durchweg Bewohner der Korallenriffe tropischer Meere. Der ringsum gepanzerte Körper hat drei, vier oder fünf Kanten. Nur der Schwanz und die Flossen sind beweglich, Bauchflossen fehlen. Der kleine Mund ist leicht nach vorn gezogen, die Augen sind ziemlich groß. Fast alle Kofferfische sind herrlich bunt und mit Punkten, Linien oder ungleichmäßigen Flecken gezeichnet. Die meisten leben einzeln an den Korallenriffen. Es ist erstaunlich, wie schnell und geschickt sie sich auf engstem Raum drehen und wenden können. Einige Arten halten sich überwiegend im freien Wasser auf.

Der Langhorn-Kofferfisch oder Kuhfisch *Lactoria cornuta* lebt ständig im freien Wasser. Die große Schwanzflosse macht ihn zu einem ausdauernden Schwimmer. Er ist gelbgrünlich gefärbt und trägt unregelmäßig dunkle Flecken. Über den Augen sitzen zwei nach vorn gerichtete Hörner, neben der Afterflosse an jeder Seite ein nach hinten stehendes Horn. Er erreicht eine Länge bis etwa 50 cm und ist im Indopazifik beheimatet.

Im Indopazifik finden wir den Geperlten Kofferfisch *Ostracion meleagris* mit einer Länge bis etwa 20 cm. Der Pyramiden-Kofferfisch *Tetrosomus gibbosus* wird etwa 30 cm lang. Er lebt im tropischen Indopazifik. Der Nasen-Kofferfisch *Rhynchostracion nasus* hat einen vierkantigen Körper, ist gelbgrün bis braun und trägt schwach-dunkle Flecke. Wir finden ihn in weiten Teilen des Indopazifiks, er erreicht eine Länge bis etwa 30 cm.

Lactoria cornuta

△ *Tetrosomus gibbosus* *Ostracion tuberculatus* ▽

Ostracion cubicus

Je nach Jahreszeit sind die Geschlechtsprodukte und das Fleisch giftig, wahrscheinlich ist die Ursache der Fischvergiftung Ciguatera eine Folge der toxischen Geschlechtsprodukte. Und trotzdem werden sie in manchen Gegenden gegessen, ohne daß Einheimische Schaden an ihrer Gesundheit nehmen. Bei den Fischern der Karibischen See gelten sie sogar als Delikatesse.

Auf Hawaii stellte VERNON BROCK fest, daß Kofferfische bei unsanfter Berührung ein noch unbekanntes Gift abgeben. Dieses Gift ist so stark, daß es alle anderen Fische tötete, die sich im Aquarium befanden. Auch als man die Fische aus dem Becken genommen hatte, blieb das Wasser stark giftig. Aquarianer haben beobachtet, daß ein kranker oder sterbender Kofferfisch ebenfalls dieses Gift ausscheidet. Bei kranken Kofferfischen soll die Giftigkeit der Ausscheidung besonders stark sein. KLAUSEWITZ nennt dieses Gift Ostracitoxix. Es bedarf auch hier noch weiterer Forschung, um diesem Phänomen auf den Grund zu kommen.

Pahutoxin ist ein Cholinderivat, das gegenüber Fischen, aber nicht gegenüber Warmblütern hoch giftig ist. Pahutoxin ist der Hauptgiftstoff des Kofferfisches *Ostracion lentiginosus* (siehe „Lexikon Biochemie").

Kofferfische sind recht dankbare und meist friedliche Pfleglinge, nur dürfen wir sie nicht mit zu schnell schwimmenden Fischen zusammen pflegen, denn die würden ihnen immer das Futter wegschnappen. Kofferfische sind zwar keine erstklassigen Schwimmer, aber trotzdem benötigen sie einen größeren Schwimmraum im Becken, denn sie sind recht lebhaft und dauernd unterwegs und somit für den Aquarianer liebenswerte Pfleglinge. Erwerben wir junge Fische, ist es nicht allzu schwierig, sie an Ersatzfutter zu gewöhnen. Kofferfische sind Allesfresser, deshalb müssen wir recht abwechslungsreich füttern. Sie gewöhnen sich sogar an ihren Pfleger und lernen schnell das Futter von der Pinzette zu nehmen.

Im Urlaub selbst gefangene Kofferfische können uns im Becken erhebliche Mühe bereiten. Meist sind ältere Tiere Nahrungsspezialisten. Und es bedarf viel Geduld und vor allem reicher Erfahrung, um herauszufinden, was unser neuer Pflegling mag. Wir wollen doch, daß er uns recht lange Freude bereitet. Auf keinen Fall sind Kofferfische etwas für den Anfänger der Seewasseraquaristik, denn sie sind sehr empfindlich und müssen dauernd beobachtet werden. Sind sie nicht ganz gesund, müssen wir das kranke Tier sofort aus dem Becken nehmen. Wie schon erwähnt, würde der giftige Stoff auf alle anderen Beckenbewohner tödlich wirken.

Mond- oder Sonnenfische *Molidae*

Diese großen Fische sind in den warmen und gemäßigten Meeren weit verbreitet. Ihr Körper ist scheibenförmig. Es gibt Riesen unter diesen Fischen, die recht absonderlich gestaltet sind.

Der Mondfisch *Mola mola* schwimmt langsam im offenen Meer dicht an der Oberfläche, meist auf der Seite liegend und sich treiben lassend, als wollte er ein Sonnenbad nehmen. In dieser Stellung scheinen sie zu schlafen. Sie erreichen eine Länge von etwa 2–3 m. Gefressen werden Schnecken, Tintenfische, Krebstiere und Segelquallen. Über die Fortpflanzung ist uns kaum etwas bekannt, ein einziges Weibchen soll mehr als 300 Millionen Eier abgeben. Bei jungen Exemplaren ist der Körper mit kleinen Dornen besetzt.

Wir kennen vier Gattungen mit mehreren Arten, sie alle sind weltweit verbreitet. Der Sonnenfisch *Masturus lanceolatus* ähnelt dem Mondfisch in Größe und Verhaltensweise, nur ist er recht selten. Der Stutz-Mondfisch *Ranzania laevis* ähnelt auch dem Mondfisch, nur bleibt er mit etwa 80 cm Länge bedeutend kleiner.

Mondfische leben zeitweilig gesellig in kleinen Schwärmen bis etwa 12 Stück zusammen, meist findet man sie aber einzeln oder paarweise. Sie werden bei den englisch sprechenden Völkern „Sunfishes" (Sonnenfische) genannt und nicht zu Unrecht, denn bei ruhiger See nehmen sie gern an der Oberfläche ein Sonnenbad. Das Fleisch ist zäh sowie fade im Geschmack und wird fast überall als wertlos betrachtet. Da diese Fische Verwandte der hochgradig giftigen Kugelfische sind, werden sie vielleicht auch deshalb von den Einheimischen als Speisefisch verschmäht.

Froschfische oder Meerkröten *Batrachoididae*

Etwa 30 Arten dieser Familie sind bekannt, sie leben an den Küsten der tropischen und subtropischen Meere. Der große Kopf ist flach und breit und die Kiefer im Maul sind mit vielen scharfen Zähnen besetzt. Die Bauchflossen sitzen weit vorn an dem kurzen kräftigen Körper. Der vordere Teil der geteilten Rückenflosse besteht aus zwei bis vier harten Flossenstrahlen, während der hintere Teil weichstrahlig ist.

Meerkröten der Gattung *Thalassophryne* finden wir in der Karibik und an der mittelamerikanischen Pazifikküste. Sie besitzen einen gefährlichen Giftapparat, die beiden Hartstrahlen der Rückenflosse und je einen Dorn auf den Kiemendeckeln. Die Strahlen und Dornen ähneln den Zähnen der Giftschlangen. Sie sind hohl und stehen mit Giftdrüsen in Verbindung.

Der Schmerz breitet sich von der Einstichstelle weit aus, und es gibt eine kleine Schwellung. Bei sehr schweren Vergiftungen verkrampfen die Gliedmaßen. Oft kommt es auch zu Krampfzuständen der Atemmuskeln, und der Verletzte steht Todesängste durch die Atemnot aus. Über das Gift ist bekannt, daß es für den Menschen keinesfalls tödlich ist. Der Stich ist aber sehr schmerzhaft. Bei Strandwanderungen vorsichtig sein. Meerkröten liegen kaum erkennbar zwischen Steinen am Strand.

Die Wunde behandeln wir erst gründlich mit einer Desinfektionslösung, dann geben wir eine subkutane Injektion (Einspritzung unter die Haut) von Narkotika an der Einstichstelle (Novokain oder Morphin). Morphin wirkt schmerzstillend ohne Bewußtseinsstörung, bei hohen Dosen tritt der Tod durch Atemlähmung ein. Novokain=Procain ist das meistgebrauchte Lokalanästhetikum, das zwar schwach in der Wirkung, aber bedeutend weniger giftig und sehr gewebeverträglich ist. Jeder, der etwas von erster Hilfe versteht, könnte diese Injektion ausführen. Besser ist es natürlich, wir überlassen solche Behandlungen dem Arzt. Das Abbinden und Aussaugen des Giftes hilft nur in den ersten 10–15 Minuten. Auch die Anwendung von heißen oder kalten Kompressen bringt hier keine Linderung. Die Heilung tritt in den meisten Fällen nach 5–14 Tagen ein, dabei kommt es nicht selten zum teilweisen Absterben des Gewebes an der Einstichstelle.

Fast alle Froschfische können mit Hilfe der Schwimmblase verschiedene Töne von sich geben. Die Krötenfische benötigen ein Becken mit einer freien Bodenfläche. Sie muß mit Sand oder Kies bedeckt sein, denn unser Pflegling ist ja ein ausgesprochener Bodenfisch, er gräbt sich auch darin ein. Manche Meerkröten bevorzugen aber Höhlen, um sich zu verstecken. Anfangs nehmen unsere Fische nur lebendes Futter. Nach kurzer Eingewöhnung wird ebenfalls totes Futter wie Rinderherz, Kalbsleber und Fischfleisch genommen, Mückenlarven und Tubifex nehmen nur kleine Exemplare an. Alle Froschfische sind recht räuberisch. Nicht mit kleinen Fischen zusammen pflegen. Sie sind nur für den erfahrenen Seewasseraquarianer geeignet.

Seeteufel *Lophiidae*

Der Seeteufel oder Angler *Lophius piscatorius* hat einen flachen, breiten Körper und eine große halbkreisförmige Mundöffnung. Er kommt an den europäischen und afrikanischen Küsten des Atlantiks von Island bis zum Kap der guten Hoffnung vor. Die Arten dieser Familie ähneln sich sehr stark. Da sie zum größten Teil kaum erforscht sind, kann nicht ausgeschlossen werden, daß das Verbreitungsgebiet ganz anders verläuft.

Das Fleisch der Seeteufel schmeckt vorzüglich und wird auf dem Markt ohne Kopf und Haut unter dem Namen „Forellenstör" angeboten. *Lophius piscatorius* soll Giftstoffe im Körper haben, außerdem sollen die Kiemendornen und Flossenstrahlen eine Giftwirkung entfalten. Uns sind keine Fälle von Vergiftungen bekannt, auch über das Gift selbst können wir nichts berichten. Nur soviel ist bekannt, daß die Stiche sehr schmerzhaft sind. Höchstwahrscheinlich entstehen nur Wunden, es sei denn, daß die Schleimdrüsen an den Flossenstrahlen eine Giftwirkung entfalten. Den Amerikanischen Seeteufel *Lophius americanus* finden wir von der Küste Neufundlands bis nach Nord-Carolina.

Seeschlangen *Hydrophiidae*

Die meisten Seeschlangen bewohnen die flachen Küstengewässer des Indischen und Pazifischen Ozeans. Nur die Zweifarben-Plättchenschlange *Pelamis platurus* wird der Schnorchler oder Strandsammler fast nie zu Gesicht bekommen, denn sie ist ein echtes „Kind" der Hochsee. Es sind etwa 50 verschiedene Arten bekannt, sie haben fast alle einen leicht abgeplatteten Körper und einen ruderförmigen Schwanz. Bei *Hydrophis fasciatus* und *Microcephalophis gracilis* erscheint der Hinterleib ungefähr vier- bis fünfmal so breit wie das Vorderende, sonst variieren sie nur in der Größe zwischen 50 cm bis 1 m, nur einige werden 2 m und länger. *Hydrophis semperi* aus dem Taal-See im Süden von Luzon (Philippinen) ist die einzige im Süßwasser lebende Schlange der Familie, alle anderen sind ausgesprochene Meeresbewohner.

Eines haben alle Seeschlangen gemeinsam: ein sehr stark wirkendes Gift. Das ist auch verständlich, denn ein Tier, das zur Beute werden soll, muß nach dem Biß sofort betäubt oder sogar tot sein. Es hätte sonst die Möglichkeit, sich nach dem Biß durch Flucht vor dem Gefressenwerden zu entziehen.

Einige Meeresbiologen meinen, daß das Gift der Seeschlangen wenigstens doppelt so wirksam ist wie das der Kobra. Und wie stark dieses Gift sein muß, sehen wir daran, daß sogar widerstandsfähige Fische wie Muräne und Aal nach einigen Minuten verenden, wenn sie von einer Seeschlange gebissen wurden.

Schnorchler und Taucher sind selten gefährdet, weil Seeschlangen nicht angriffslustig sind. Da ihr Verhalten aber je nach Art zwischen Neugier, Zutraulichkeit und Angriffslust schwankt, sollten wir uns ihnen stets vorsichtig nähern und immer daran denken, daß sie alle stark giftig sind.

Unter den einheimischen Fischern, besonders Malaien und Filipinos kommt es häufig zu Unfällen, denn Seeschlangen werden dort in großen Mengen gefangen und nach Japan exportiert. Die Fischer sind oft recht leichtsinnig im Umgang mit diesen giftigen Tieren, und so bleibt es nicht aus, daß es immer wieder zu Todesfällen kommt. Die Opfer sterben meist nach wenigen qualvollen Stunden durch Lähmung des Atemzentrums. Nur eine sofortige und reichliche Injektion eines Antitoxins kann Hilfe bringen.

Wird man von einer Seeschlange gebissen, spürt man fast nichts. Es ist so, als würde man von einer feinen Nadel gestochen. Da sich die Symptome erst nach ungefähr 20 Minuten, oft nach anderthalb Stunden einstellen, bringt man die nun eintretende Verschlechterung des Gesundheitszustandes oft nicht mehr mit dem Biß der Schlange in Verbindung. Die Symptome der Vergiftung machen sich damit bemerkbar, daß die Beweglichkeit der Glieder immer mühevoller wird und die Augenlider sich nicht oder nur noch schwer bewegen lassen. Der Verletzte macht den Eindruck eines Schlafenden, das Bewußtsein ist jedoch völlig erhalten. Der Tod tritt innerhalb kurzer Zeit ein, es können aber auch bis zu 24 Stunden verstreichen. Überlebt der Gebissene den zweiten Tag, ist die Chance des Überlebens so gut wie sicher. Wie schon erwähnt, ist die schnelle und reichli-

Laticauda laticauda

che Injektion eines Antitoxins stets die richtige Behandlung. Der Patient erholt sich dann recht schnell.

Nicht alle Bisse führen zu einer Vergiftung. Hat die Schlange gerade eine Beute erlegt und somit den größten Teil ihres Giftes verbraucht, vergehen einige Tage, bis die volle Giftmenge wieder vorhanden ist. Die für den Menschen tödliche Dosis beträgt etwa 3–10 mg. Das Gift der Plättchenschlange wirkt neurotoxisch, während das der Gattung *Enhydrina* eine curareartige Wirkung hat.

Es ist noch nicht ganz geklärt, warum wir Seeschlangen in allen warmen Meeresgebieten des Indischen und Pazifischen Ozeans antreffen, während sie im Atlantik, Mittelmeer und Roten Meer nicht vorkommen. Es liegt sicher daran, daß Seeschlangen ausgesprochene Warmwassertiere sind und in kühleren Gewässern keine Überlebenschance hätten.

Giftige und gefährliche Wirbeltiere *Vertebrata* der Meere

Name	Verbreitung
***Hexanchidae* Grauhaie**	
(Fleisch und Leber oft giftig)	
Heptranchias perlo	in allen tropischen und subtropischen Meeren
Hexanchus griseus	in allen Meeren
– vitulus	Golf von Mexiko, Kenia, Madagaskar und Philippinen
Notorynchus cepedianus	Südafrika, Südamerika, Australien, Neuseeland, Japan und Kalifornien
***Scyliorhinidae* Katzenhaie**	
(Giftstoffe in der Leber)	
Scyliorhinus canicula	Nordostatlantik, Nordsee, Mittelmeer
– retifer	Westatlantik
– stellaris	Nordostatlantik, Nordsee, Mittelmeer
– torozame	an japanischen Küsten
***Orectolobidae* Ammenhaie**	
(normalerweise recht träge; vom Taucher provoziert, recht aggressiv und beißen kräftig zu)	
Chiloscyllium griseum	tropischer Indopazifik
– indicum	Rotes Meer, Indischer Ozean und westl. Pazifik
Ginglymostoma brevicaudatum	atlantische und ostafrikanische Küste vom Roten Meer bis Mauritius
– cirratum	beide Seiten des Atlantiks
Orectolobus maculatus	weit verbreitet an den Küsten Australiens
Nebrius concolor	Rotes Meer, vor Madagaskar und den Seychellen
***Carcharhinidae* Blauhaie**	
(fällt Menschen an; Fleisch und Leber, wahrscheinlich auch Geschlechtsprodukte, giftig)	
Carcharhinus amboinensis	Australien, Indischer Ozean Ostafrika und Madagaskar
Carcharhinus galapagensis	Stiller Ozean, Atlantischer Ozean und auch im Indischen Ozean
– leucas	in allen Ozeanen
– limbatus	in allen warmen Ozeanen
– longimanus	in warmen Breiten aller Ozeane

– melanopterus	Korallenriff-Gebiete im Indopazifik
– obscurus	in warmen Teilen aller Ozeane
– sealei	Indischer Ozean und Sunda-Inseln
Negaprion brevirostris	Westatlantik, Karibisches Meer
Prionace glauca	in allen subtropischen und tropischen Meeren
Galeocerdo cuvieri	tropische und subtropische Breiten aller Ozeane
Galeorhinus galeus	an westeuropäischen Küsten und im Mittelmeer

Squalidae Dornhaie

(der Stich der Rückenflossenstacheln ist giftig)

Squalus acanthias	Atlantik, Mittelmeer, Nordsee
– asper	Indischer Ozean
– blainvillei	Mittelmeer und Küsten Westafrikas
Etmopterus princeps	Nordatlantik
– pusillus	Nordatlantik, Golf von Mexiko, Uruguay und Japan
– spinax	Nordatlantik

(Fleisch und Leber giftig)

Somniosus microcephalus	Europäisches Nordmeer, vor Spitzbergen, Ost- und Westgrönland
– pacificus	Beringsee, vor Alaska und Japan

Heterodontidae Stierkopf- oder Hornhaie

(der Stich mit dem Stachel der Rückenflosse ist giftig)

Heterodontus francisci	tropische Meere, außer Mittelmeer und Atlantik
– japonicus	Japan, China, Taiwan
– philippi	tropische Meere, außer Mittelmeer und Atlantik
– portjacksoni	Australien
– ramalheira	Mozambique
– zebra	China, Japan, Taiwan

Lamnidae Heringshaie

(aggressiver Raubfisch, fällt den Menschen an)

Carcharodon carcharias	in allen Meeren
Isurus oxyrinchus	in fast allen Ozeanen
– paucus	tropischer Indopazifik
Lamna ditropis	Nordpazifik, Japan, Kalifornien
– nasus	Südpazifik, Nord- und Südatlantik, Mittelmeer, Südisland

Sphyrnidae Hammerhaie

(greifen Menschen an)

Sphyrna (Eusphyra) blochii	Indopazifik, Sunda-Inseln, Süd-China
– (Sphyrna) lewini	weltweit verbreitet

Name	Verbreitung
– *(Sphyrna) mokarran*	in allen Ozeanen
– *(Sphyrna) zygaena*	Ostatlantik, von Portugal bis Senegal, Küsten von Wales

Torpedinidae Echte Zitterrochen

(die elektrischen Entladungen sind schmerzhaft und gefährlich)

Diplobatis ommata	amerikanische Pazifikküste von Kalifornien bis Panama
– *pictus*	tropischer Westatlantik bis zum Golf von Venezuela
Hypnos monopterygium	Australien
Narcine brasiliensis	tropischer westlicher Atlantik
Torpedo californica	weit verbreitet von der pazifischen Küste von Nordamerika bis Kalifornien
– *marmorata*	Mittelmeer, Südafrika, Ostatlantik
– *nobiliana*	Ostatlantik bis zu den Azoren, Nordafrika und Mittelmeer
– *torpedo*	Mittelmeer, Ostatlantik von der Biskaya bis Angola

Rajidae Echte Rochen

(meist rauhe Haut mit kleinen Stacheln und Dornen, einige Exemplare besitzen schwach entwickelte elektrische Organe)

Dactylobatus armatus	westatlantische Küste von Nordamerika bis Florida
Raja asterias	Mittelmeer
– *batis*	Nordostatlantik von Island bis zur afrikanischen Nordküste, Nordsee, Mittelmeer (einschl. Adria)
– *clavata*	Nordostatlantik von Nordskandinavien bis Marokko; Nordsee, westl. Ostsee, Mittelmeer, Teile des Schwarzen Meeres
– *erinacea*	nordwestlicher Atlantik entlang der Strände Nordamerikas bis in den südlichen Golf von St. Lorenz
– *fullonica*	Nordostatlantik von Island bis zur Biskaya, ab und zu auch im Mittelmeer
– *laevis*	atlantische Küsten von Nordamerika bis Nord-Carolina
– *montagui*	europäische Atlantik- und Mittelmeerküsten
– *naevus*	Mittelmeer, Nordostatlantik, Nordsee
– *undulata*	Mittelmeer, Nordostatlantik bis zur englischen Küste
– *whitleyi*	Küsten Südaustraliens bis Neusüdwales

Dasyatidae Stachelrochen

(Stich des Schwanzdornes ist giftig)

Dasyatis acajei	Gelbes Meer, vor Japan und Korea
– americana	amerikanische Atlantikküste, Karibik von Rio de Janeiro nordwärts bis New Jersey
– brevcaudata	Indopazifik, vom südlichen Afrika bis Australien und Neuseeland
– centroura	subtropischer Bereich des Atlantiks, Ostatlantik bis zur Biskaya, Mittelmeer
– imbricatus	Indischer Ozean, Pazifik, China und Philippinen
– pastinaca	europäische Küsten vom nördlichen Schottland bis Madeira und Mittelmeer
– sabina	Golf von Mexiko, Karibik
– sayi	Küsten des westatlantischen Ozeans
– sephen	Indischer und Stiller Ozean
– violacea	tropische und subtropische Meere Ostatlantik und Mittelmeer
Gymnura altavela	tropische Küstengewässer des Atlantiks
– japonica	Küsten Nordasiens und Japans
– marmorata	Kalifornien und Mexiko
– micrura	Atlantik
– natalensis	Südafrika
Taeniura lymna	tropischer Indopazifik und Rotes Meer
– melanospila	Indopazifik
Urogymnus africanus	Indopazifik vom Roten Meer bis Melanesien
Urolophus aurantiacus	Japan und Korea
– halleri	vor Australien und Kalifornien
– jamaicensis	Atlantik, Karibik bis Florida
– testaceus	von Queensland bis Neusüdwales und Süd-Australien

Myliobatidae Adlerrochen

(Stich mit dem Stachel ist giftig und nicht ganz ungefährlich)

Aetobatus flagellum	Indischer und Stiller Ozean, Rotes Meer und Westafrika
– narinari	Atlantik, Pazifik und Indischer Ozean
Myliobatis aquila	östlicher Atlantik südwärts bis Senegal, Mittelmeer und Adria
– australis	küstennahe Gewässer Australiens
– californicus	vor Kalifornien
– cervus	Südafrika
– cornutus	vor Japan
– fremvillii	von Brasilien bis Cape Cod
– goodei	vom nördlichen Argentinien bis Süd-Carolina
– tobijei	China, Japan und Korea

Name	Verbreitung
Pteromylaeus bovinus	Mittelmeer
Rhinoptera bonasus	amerikanische Ostküste, von New England bis Mittelbrasilien
– *brasiliensis*	Westküste Südamerikas
– *javanica*	westlicher Pazifik
– *marginata*	Mittelmeer, tropischer Ostatlantik

Mobulidae Teufelsrochen

(gefährlich durch Größe und Gewicht, wenn er aus dem Wasser springt und dann ein Boot oder einen Schnorchler trifft)

Manta birostris	Hochseebewohner, tropischer und gemäßigter Atlantik
Mobula diabolus	weit verbreitet im Indopazifik
– *hypostoma*	Westatlantik
– *japonica*	Indischer und Stiller Ozean
– *lucasana*	von Südkalifornien bis zum nördlichen Südamerika
– *mobula*	östlicher Atlantik bis zur westafrikanischen Küste, auch im Mittelmeer

Chimaeridae Seeratten

(Stiche der Stacheln rufen Vergiftungen hervor)

Chimaera affinis	im tiefen Wasser der atlantischen Küste Nordamerikas
– *monstrosa*	Nord-Atlantik von Norwegen und Island bis Marokko, Azoren, auch im Mittelmeer
– *phantasma*	westlicher Pazifik
Harriotta raleighana	im tiefen Wasser des nördlichen Atlantiks
Hydrolagus colliei	Pazifikküste Nordamerikas bis zum westlichen Alaska

Acipenseridae Störe

(Giftstoffe in den Gonaden)

Acipenser gueldenstaedti	Kaspisches, Schwarzes und Asowsches Meer
– *ruthenus*	an den Nordküsten des Schwarzen und des Kaspischen Meeres
– *stellatus*	Schwarzes und Kaspisches Meer
– *sturio*	Atlantik, europäische Küsten
Huso huso	Kaspisches, Schwarzes und Asowsches Meer

Albulidae Grätenfische

(Geschlechtsprodukte und Innereien während der Laichzeit giftig, auch treten oftmals nach dem Genuß Vergiftungen der Ciguatera auf)

Albula vulpes	alle warmen Meere
Dixonina nemoptera	Gewässer Westindiens

Clupeidae Heringe

(beim Verzehr von Milch oder Rogen kann es zu Vergiftungen kommen)

Alosa sapidissima	amerikanische Atlantikküste
Clupea harengus	europäische Küsten und nördlicher Atlantik
– pallasii	Küsten des Pazifiks
– venenosa	Indischer Ozean
Clupeonella delicatula	Schwarzes und Kaspisches Meer
Engraulis japonicus	Nördlicher Stiller Ozean
Nematalosa nasus	Indopazifik
Sardina pilchardus	subtropische Gewässer
Sardinops caerulea	amerikanische Pazifikküste
– neopilchardus	australische Gewässer
– sagax	Pazifik, Küsten von Südamerika, Neuseeland und Japan
Sprattus sprattus	Küsten Europas, Mittelmeer
Tenualosa ilisha	Indischer Ozean, Rotes Meer, Arabischer Golf

Plotosidae Korallenwelse

(Stiche der Brustflossenstacheln sind giftig, auch der gezähnte Stachel der ersten Rückenflosse ist mit einer Giftdrüse versehen, die Stacheln reißen äußerst schmerzhafte und schwerheilende Wunden)

Plotosus anguillaris	Indischer Ozean
– lineatus	Indopazifik, Ostafrika und Rotes Meer

Anguillidae Aale

(Blut, Leber und wahrscheinlich Geschlechtsprodukte giftig)

Anguilla anguilla	Europa, Nordafrika, Kleinasien

Muraenidae Muränen

(Blut, Leber und wahrscheinlich Geschlechtsorgane giftig, Bisse sehr schmerzhaft)

Echidna grisea	Indischer Ozean und Rotes Meer
– nebulosa	Indopazifik
– polyzona	tropischer Indopazifik
– xanthospilus	Indo-Australischer Archipel und Pazifik
– zebra	tropischer Indopazifik
Gymnothorax moringua	von Brasilien bis Florida
– undulatus	weite Teile des Indopazifiks
Lycodontis favagineus	Indopazifik
– tessellatus	Indopazifik
Muraena helena	Mittelmeer, östlicher Atlantik
– melanotis	westafrikanische Küste
– pardalis	tropischer Pazifik
Rhinomuraena ambonensis	Indo-Australischer Archipel u. Riukiu-Inseln
– quaesita	Marshall-Inseln, Philippinen
Thyrsoidea macrurus	tropischer Indopazifik

Name	Verbreitung
***Congridae* Meeraale**	
(Blut und Leber giftig, wahrscheinlich auch Geschlechtsprodukte)	
Ariosoma bowersi	Hawaii-Inseln
Conger conger	Atlantik, Nordsee und Mittelmeer
– oceanica	atlantische Küste Amerikas
Gnathophis mystax	Mittelmeer und östlicher Atlantik
Nystactichthys halis	Karibik
Taenioconger digueti	Golf von Kalifornien
***Ophichthyidae* Schlangenaale**	
(der Biß ist giftig und führt zu schmerzhaften Entzündungen, auch das Blutserum ist giftig)	
Leiuranus semicinctus	Indopazifik
Myrichthys colubrinus	Indopazifik
– maculosus	Indopazifik
***Aulostomidae* Trompetenfische**	
(in der Leber konnte ein Giftstoff nachgewiesen werden)	
Aulostomus chinensis	tropischer Indopazifik
– maculatus	Karibische See, Golf von Mexiko
– strigosus	Ostatlantik
***Belonidae* Hornhechte**	
(in den Eingeweiden und inneren Organen konnten Giftstoffe nachgewiesen werden)	
Ablennes hians	Atlantik, Indischer und Pazifischer Ozean
Belone belone	europäische Meere, Schwarzes Meer
– platyura	warme und gemäßigte Meere
Petalichthys capensis	Gewässer vor Südafrika
***Hemirhamphidae* Halbschnabelhechte**	
(das Fleisch ist manchmal giftig und kann die Ciguatera verursachen)	
Euleptorhamphus viridis	Pazifik
Hemirhamphus brasiliensis	tropischer und gemäßigter Atlantik
– far	Indopazifik
– quoyi	entlang australischer Küsten
– satoator	Pazifik
***Sphyraenidae* Barrakuda**	
(greifen manchmal Menschen an, Fleisch ist zeitweise giftig)	
Sphyraena argentea	Pazifik, südliches Kalifornien
– barracuda	Atlantik und Pazifik
– guachancho	Brasilien, Karibik, Golf von Mexiko
– picuda	westlicher Atlantik
– sphyraena	Mittelmeer, Schwarzes Meer und beide Seiten des Atlantiks

Holocentridae Husaren- und Soldatenfische

(das Fleisch ist giftig und verursacht die Ciguatera)

Adioryx xantherythrus	Hawaii-Inseln
Holocentrus acensionis	Karibische See und vor Florida
– diadema	Indopazifik
– lima	Indischer Ozean
– rubrum	Indischer Ozean
– rufus	in den Riffen des Atlantiks
– spinifer	Pazifik
Myripristis amaenus	Pazifik
– jacobus	tropischer Atlantik
– murdjan	Indopazifik, häufig ostafrikanische Küste

Serranidae Zackenbarsche

(Fleisch bei einigen Arten giftig und verursacht die Ciguatera)

Anthias squamipinnis	Indopazifik
Cephalopholis argus	Indopazifik
Cephalopholis aurantius	Indischer Ozean und westl. Pazifik
– fulva	Karibik, Bermudas, Florida bis Brasilien
– leopardus	Indopazifik
– miniatus	Indopazifik
– urodelus	tropischer Indopazifik
Chromileptes altivelis	Australischer Archipel und Chines. Meer
Dicentrarchus labrax	nördlich von England bis Nordafrika, Mittelmeer und Schwarzes Meer
Diploprion bifasciatum	Indischer Ozean
Epinephelus adscensionis	trop. Atlantik bis Brasilien
– fuscoguttatus	Indopazifik
– itajara	Karibik, Florida und Kalifornien
– lanceolatus	Indopazifik
– morio	Karibik und Florida
Grammistes sexlineatus	tropischer Indopazifik
Hypoplectrus puella	Karibik und Küste Floridas
Morone americana	atlantische Küste von Nordamerika
Mycteroperca bonaci	westl. Atlantik
Plectropomus maculatus	tropischer Indopazifik
Polyprion americanus	Atlantik
Promicrops lanceolatus	Indopazifik
Rypticus saponaceus	beide Seiten des Atlantiks
Serranus cabrilla	Mittelmeer, Küsten Südeuropas und Afrikas
– hepatus	Mittelmeer, Ostatlantik und Kanar. Inseln
– scriba	Mittelmeer und Ostatlantik
– tigrinus	Bermudas, Südflorida bis Curacao
Stereolepis gigas	pazifische Küste von Mexiko und Kalifornien
Variola louti	Indopazifik

Name	Verbreitung
Lutjanidae oder *Lutianidae* Schnapper	
(Fleisch giftig und verursacht die Ciguatera)	
Aprion virescens	Indopazifik
Etelis carbunculus	Indopazifik
Lutjanus apodus	trop. Atlantik, Bermudas bis nach Brasilien
– bohar	Indopazifik
– coatesi	nur am Barriereriff
– decussatus	tropischer Indopazifik
– gibbus	Indopazifik
– nematophorus	Großes Barriereriff
– sebae	tropischer Indopazifik
Macolor niger	tropischer Indopazifik
Ocyurus chrysurus	tropischer Atlantik
Carangidae Stachelmakrelen	
(Fleisch giftig und verursacht die Ciguatera)	
Alectis ciliaris	fast alle tropischen Meere
– crinitus	trop. Atlantik und östl. Pazifik
Caranx bartholomaei	Karibik und Atlantik
– hippos	beide Seiten des Atlantiks
– latus	westl. Atlantik
– melampygus	Hawaii, Palmyra-Inseln
– sexfasciatus	Indopazifik
– spesiosus	Indopazifik
Elagatis bipinnulata	Indopazifik, trop. Atlantik
Naucrates ductor	fast alle Meere
Oligoplites saurus	atlantische und pazifische Küste Amerikas
Selar crumenophthalmus	trop. und subtrop. Meere
Selene vomer	trop. Atlantik
Seriola dumerili	Mittelmeer und Atlantik
Trachinotus falcatus	trop. Atlantik
– russelli	Indopazifik
Trachurus symmetricus	östl. Pazifik
– trachurus	Mittelmeer und an den deutschen Küsten
Coryphaenidae Goldmakrelen	
(Fleisch enthält Giftstoffe, wahrscheinlich Ciguatera-Toxin)	
Coryphaena equisetis	fast alle Meere
– hippurus	alle trop. und warmen Meere
Mullidae Meerbarben	
(Fleisch zeitweise giftig, besonders Rogen)	
Mulloidichthys martinicus	Karibik
Mullus auratus	Karibik
– barbatus	Mittelmeer, Schwarzes Meer, Ostatlantik
– surmuletus	an Küsten Europas
Parupeneus barberinoides	Indo-Australischer Archipel

Pseudupeneus barberinus	Indopazifik
– indicus	Indopazifik
Upeneus tragula	Indopazifik

Sparidae Meerbrassen

(Giftstoffe im Körper, es kommen auch bei einigen Arten giftige Stacheln vor)

Acanthopagrus bifasciatus	Indischer Ozean und das Rote Meer
Archosargus probatocephalus	fast nur vor den Küsten von Texas
– rhomboidalis	Karibisches Meer und Süden Floridas
Boops salpa	Mittelmeer und Atlantik
Calamus bajonado	Florida und Karibisches Meer
Chrysophrys auratus	Mittelmeer und Ostatlantik
Dentex dentex	Mittelmeer
Diplodus annularis	Mittelmeer
– sargus	Mittelmeer
– vulgaris	Mittelmeer und östlicher Atlantik
Monotaxis grandoculis	Indopazifik
Oblada melanura	Mittelmeer und Ostatlantik
Pagellus erythrinus	Mittelmeer und östl. Atlantik
– centrodontus	Mittelmeer und Küsten Nordafrikas
Puntazzo puntazzo	Mittelmeer und östl. Atlantik
Spondyliosoma cantharus	Mittelmeer und östl. Atlantik

Pomacanthidae Kaiserfische

(Fleisch giftig und verursacht die Ciguatera)

Angelichthys ciliaris	Atlantik, Bahamas bis Brasilien
Arusetta asfur	Ostküste Afrikas, Rotes Meer
Chaetodontoplus chrysocephalus	Indo-Australischer Archipel
– mesoleucus	Indo-Australischer Archipel
Euxiphipops navarchus	Indo-Australischer Archipel
– sexstriatus	Indo-Pazifik
Holacanthus africanus	trop. westafrikanische Küste
– ciliaris	Karibik und vor Florida
– tricolor	Karibisches Meer
Plitops passer	Golf von Kalifornien bis zu den Galapagos-Inseln
Pomacanthus imperator	Indopazifik
– maculosus	Rotes Meer
– paru	Atlantik von Westafrika bis Brasilien
– semicirculatus	Indopazifik, Rotes Meer
Pygoplites diacanthus	tropischer Pazifik

Chaetodontidae Falterfische

(Ciguatera-Toxin in Muskeln und Eingeweiden)

Chaetodon capistratus	Karibik und Golf von Mexiko
– collare	Indopazifik
– ephippium	Pazifik

Name	Verbreitung
– *fasciatus*	Rotes Meer
– *frembli*	nur um Hawaii
– *larvatus*	Rotes Meer und Golf von Aden
– *meyeri*	Indopazifik
– *ocellatus*	Westatlantik
– *semilarvatus*	Rotes Meer
– *striatus*	beide Küsten des trop. Atlantiks
– *vagabundus*	Indischer Ozean
Chelmon rostratus	Indopazifik
Forcipiger flavissimus	Indopazifik
Hemitaurichthys polylepis	Indo-Australischer Archipel
– *zoster*	Indopazifik
Heniochus acuminatus	Indopazifik
Parachaetodon ocellatus	Indopazifik

Pomacentridae Riffbarsche

(Bei einigen Arten Giftstoffe in Muskeln und Eingeweiden)

Abudefduf annulatus	Rotes Meer und ostafrikanische Küste
– *assimilis*	westl. Pazifik u. Indo-Australischer Archipel
– *aureus*	Indo-Australischer Archipel, Philippinen
– *bankieri*	Ceylon bis zu den Salomon-Inseln
– *biocellatus*	Indopazifik
– *oxyodon*	Indischer und Pazifischer Ozean
– *saxatilis*	fast alle trop. Meere
– *sordidus*	Indopazifik
Amphiprion clarkii	Indo-Australischer Archipel u. westl. Pazifik
– *ocellaris*	Indischer Ozean
– *percula*	weltweit in Riffen
Chromis caeruleus	trop. Indopazifik
– *dimidiatus*	Rotes Meer und Indischer Ozean
– *xanthurus*	Indo-Australischer Archipel
Dascyllus auruanus	Indopazifik
– *marginatus*	Rotes Meer
– *trimaculatus*	Indopazifik
Pomacentrus cyanomos	Indischer Ozean
– *fasciatus*	Indo-Australischer Archipel
– *lividus*	Indopazifik
– *melanochir*	Indischer und Pazifischer Ozean
– *tripunctatus*	Indopazifik

Labridae Lippfische

(Giftstoffe können in Muskeln und Eingeweiden vorkommen)

Anampes caeruleopunctatus	Indopazifik
Bodianus anthioides	Indischer Ozean, Rotes Meer
Bodianus diana	Indopazifik
– *diplotaenia*	südl. Küste von Kalifornien

Coris angulata	Indopazifik
– aygula	Indopazifik bis Hawaii
– gaimard	Indopazifik und östl. Teile des Atlantiks
– julis	Mittelmeer und östl. Teile des Atlantiks
– variegata	Indopazifik, Rotes Meer
Epibulus insidiator	Indopazifik bis zu den Tuamoto-Inseln
Hemipteronotus novacula	Mittelmeer
Labroides bicolor	Indo-Australischer Archipel
– dimidiatus	Indopazifik
– phthirophagus	Hawaii-Inseln
– rubrolabiatus	Pazifik
Novaculichthys taeniurus	Indopazifik
Thalassoma bifasciatum	trop. Atlantik und Karibik
– lunare	Indopazifik, Rotes Meer

Scaridae Papageifische

(Giftstoffe können in Muskeln und Eingeweiden vorkommen)

Euscarus cretensis	Mittelmeer, afrik. Küste des Ostatlantiks
Scarus guacamaia	beide Seiden des Atlantiks
– sordidus	tropischer Indopazifik
– taeniopterus	Bermudas, Südflorida, Karibik bis Brasilien

Acanthuridae Doktorfische

(ein scharfer Dorn auf jeder Seite dicht vor der Schwanzflosse kann recht schmerzhafte Wunden reißen; einige Arten haben Giftstoffe in den Eingeweiden, Muskeln und Gonaden, so daß es zu Vergiftungserscheinungen der Ciguatera kommen kann)

Acanthurus achilles	Pazifischer Ozean
– bleekeri	Indischer Ozean
– coeruleus	Karibik und tropischer Atlantik
– dussumieri	südl. Japan, Philippinen, Südafrika, Ost-Indien, Australien bis Hawaii
– glaucopareius	Pazifik, östl. Indischer Ozean
– japonicus	Indopazifik
– leucosternon	Indopazifik, Rotes Meer
– lineatus	Indopazifik
– olivaceus	Indopazifik
– pyroferus	Pazifik und Riffe um Indien
– sohal	Rotes Meer
– triostegus	Indopazifik
Ctenochaetus striatus	trop. Indopazifik
Naso brevirostris	Indopazifik
– literatus	Indopazifik, Rotes Meer
– tuberosus	Indischer Ozean
Zanclus cornutus	Indopazifik
Zebrasoma desjardinii	Rotes Meer
– flavescens	Riffe im Pazifik und um Hawaii
– scopas	Indopazifik
– veliferum	Indopazifik, Rotes Meer
– xanthurum	Indischer Ozean, Rotes Meer

Name	Verbreitung

Siganidae Kaninchenfische

(Stiche mit den Stacheln der Rücken-, Bauch- oder Afterflosse sind giftig)

Lo vulpius	Indo-Australischer Archipel, Pazifik
Siganus corallinus	Indo-Australischer Archipel, Indischer Ozean, Chinesisches Meer
Siganus javus	Indo-Australischer Archipel, Pazifik bis Tahiti, Indische Küste
– spinus	Indopazifik bis zu den Gesellschaftsinseln
– stellatus	Rotes Meer, selten im Indischen Ozean
– vermiculatus	Indopazifik
– virgatus	Indopazifik

Scombridae Makrelen

(Giftstoffe in den Eingeweiden und Gonaden bei einigen Arten, Fleisch verdirbt recht schnell)

Auxis thazard	in fast allen warmen Meeren
Euthynnus alletteratus	Atlantik, Mittelmeer, Bermudas bis Brasilien
Pneumatophorus colias	Mittelmeer, Atlantik
– japonicus	an den japanischen Küsten
Sarda sarda	Mittelmeer, warmer Atlantik
Scomber scombrus	Ostsee, Atlantik, Mittelmeer, Schwarzes Meer
Thunnus alalunga	Mittelmeer und fast alle warmen Meere
– albacares	in trop. und gemäßigten Meeren
– maccoyii	südlicher Indopazifik
– obesus	in fast allen Meeren verbreitet
– orientalis	vor der japanischen und koreanischen Küste, Hawaii und Küste Australiens
– thynnus	Atlantik

Scorpaenidae Drachenköpfe oder Skorpionfische

(Stiche mit den Stacheln von einigen Angehörigen der Familie sind giftig. Andere Arten ohne Giftdrüsen können schmerzhafte Wunden beibringen.)

Amblyapistus binotatus	Indischer Ozean
Dendrochirus brachypterus	Indopazifik, Rotes Meer
– zebra	Indopazifik
Dendroscorpaena cirrhosa	Indopazifik
Helicolenus dactylopterus	beide Seiten des Atlantiks, westl. Mittelmeer
Nemapterois biocellatus	Indopazifik
Pterois antennata	Indopazifik
– lunulata	Indopazifik
– radiata	Indopazifik
– russellii	Indopazifik
– volitans	Indopazifik
Rhinopias frondosa	Indischer Ozean, Chinesisches Meer, westlicher Pazifik

Scorpaena notata	Mittelmeer, östlicher Atlantik
– plumieri	westlicher Atlantik
– porcus	Mittelmeer, östlicher Atlantik
– scrofa	Mittelmeer, östlicher Atlantik
Scorpaenodes caribbaeus	amerikanische Küste von Florida bis Panama, Bahamas
– guamensis	Indopazifik, Rotes Meer
Scorpaenopsis diabolus	Indischer Ozean, Rotes Meer
Sebastes alutus	nordamerikanische Pazifikküste
– levis	an den kalifornischen Küsten
– marinus	europäische Küsten
– paucispinis	pazifische Küste von Nordamerika
Sebastichthys capensis	Atlantik von der Küste Süd-Afrikas bis zu den Gough-Inseln

Synancejidae Stein- oder Teufelsfische

(Stiche der giftigen Strahlen der Rückenflosse sind mit starken Schmerzen verbunden und können sogar innerhalb kurzer Zeit zum Tode führen)

Inimicus didactylus	Indopazifik
– filamentosus	Indischer Ozean
Synanceja horrida	Indischer Ozean, zentraler Pazifik
– verrucosa	Indopazifik bis Polynesien

Tetrarogidae Stirnflosser oder Segelskorpionfische

(Stiche mit den harten Stachelstrahlen sind sehr schmerzhaft)

Paracentropogon longispinis	Indopazifik
Ptarnus gallus	Rotes Meer, ostafrikanische Küste
Taenionotus triacanthus	Indopazifik

Cottidae Groppen

(Stiche mit den Kiemendornen oder Flossenstrahlen sind schmerzhaft und sollen zu bestimmten Zeiten giftig sein. Rogen einer Art ist giftig)

Artedius harringtoni	N-Pazifik von Kalifornien bis Alaska
Blepsias cirrhosus	Pazifik von Kalifornien bis Beringsee
Enophrys bison	Pazifik
Hemilepidotus hemilepidotus	Pazifikküste von Kalifornien bis zur Beringsee
Hemitripterus americanus	amerikansiche Atlantikküste
Myoxocephalus aeneus	Küstengewässer von N-Amerika
– scorpius	Atlantik, Nordsee, Ostsee
Nautichthys oculofasciatus	pazifische Küste von Alaska bis Kalifornien
Scorpaenichthys marmoratus	kalifornische Küste bis Alaska
Taurulus bubalis	europäische Küsten

Trachinidae Drachenfische

(Stiche mit dem Kiemendorn oder den Strahlen der ersten Rückenflosse sind stark giftig)

Trachinus araneus	Mittelmeer
– draco	Mittelmeer, Atlantik, Nordsee, selten Ostsee
– radiatus	Mittelmeer, Atlantik
– vipera	Mittelmeer, Atlantik, Nordsee

Name	Verbreitung
Uranoscopidae Himmelsgucker	
(Stiche mit dem Kiemendorn sind sehr giftig)	
Astroscopus guttatus	Atlantischer Ozean
Ichthyscopus lebeck	Indopazifik
Kathetostoma averruncus	pazifische Küste Amerikas von Kalifornien bis Panama
– laeve	Küsten West- und Süd-Australiens
Uranoscopus scaber	Mittelmeer, Schwarzes Meer, Atlantik

Blenniidae Schleimfische

(In den Eingeweiden wurden Giftstoffe nachgewiesen. Einige Arten besitzen große Unterkieferzähne, die mit Giftdrüsen in Verbindung stehen und recht unangenehme Wunden hervorrufen können.)

Alticops periophthalmus	Indischer Ozean, westl. Pazifik
Aspidontus taeniatus	Indopazifik
Blennius incognitus	Mittelmeer
– nigriceps	Mittelmeer, Adria
– ocellaris	Mittelmeer, Teile des gemäßigten Atlantiks
– pavo	Mittelmeer, östlicher Atlantik
– pholis	Küsten des nördlichen Europas
– sphinx	Mittelmeer, Adria
Coryphoblennius galerita	Mittelmeer, Adria, N-Afrika
Ecsenius gravieri	Gof von Aden, Rotes Meer
Entomacrodus nigricans	Bermudas, Bahamas, Florida, Karibik, Golf von Mexiko, Brasilien
Labroides dimidiatus	Indopazifik
Meiacanthus atrodorsalis oulanensis	westlicher Pazifik
Ophioblennius atlanticus	Bermudas, Karibische See, Golf von Mexiko
Parablennius gattorugine	Mittelmeer, Ostatlantik
Plagiotremus townsendi	Golf von Akaba, Rotes Meer bis zum Persischen Golf
Runula rhinorhynchus	Indopazifik
– tapeinosoma	Indopazifik
Salaria pavo	Mittelmeer, östl. Atlantik
Xiphasia setifer	Indopazifik

Callionymidae Leierfische

(Stiche mit den Kiemendeckelstacheln sind schmerzhaft und können giftig sein)

Callionymus bairdi	trop. Atlantik, Golf von Mexiko, Karibik
– calauropomus	Gewässer von S-Australien bis Neusüdwales
– festivus	Mittelmeer, Ostatlantik
– lyra	Mittelmeer, Nordsee, Ostatlantik
– maculatus	Mittelmeer, Atlantik, selten Nordsee

Synchiropus ocellatus	Indopazifik
– *picturatus*	Indo-Australischer Archipel
– *splendidus*	Indo-Australischer Archipel

Monacanthinae Feilenfische oder Einstachler

(Geschlechtsprodukte und Fleisch je nach Jahreszeit giftig, Arten gehören zu den Ciguatera-toxischen Fischen)

Acanthaluteres guntheri	S-Australien, Neusüdwales, Tasmanien
Aluthera monoceros	in fast allen tropischen Meeren
– *scripta*	in fast allen tropischen Meeren
Chaetodermis spinosissimus	Indopazifik
Monacanthus chinensis	Indopazifik
Oxymonacanthus longirostris	Indischer Ozean, westlicher Pazifik
Pervagor melanocephalus	Indopazifik, Rotes Meer
– *spilosoma*	Hawaii- und Johnston-Inseln
Stephanolepis hispidus	Karibik, westafrikanische Küste

Balistidae Drückerfische

(Fleisch und Geschlechtsprodukte jahreszeitlich giftig, verursachen Ciguatera-Krankheit)

Abalistes stellaris	Indopazifik
Balistapus undulatus	Rotes Meer, ostafrikanische Küste, Hawaii-Inseln
Balistes capriscus	trop. Atlantik, Mittelmeer
– *vetula*	trop. Atlantischer Ozean, selten im Indischen Ozean
Balistoides conspicillum	Indischer Ozean, westlicher Pazifik
– *viridescens*	Indopazifik
Hemibalistes bursa	Indopazifik
– *chrysopterus*	Indopazifik
Melichthys vidua	Indopazifik
Odonus niger	Indopazifik
Pseudobalistes fuscus	Indopazifik
Rhinecanthus aculeatus	Indopazifik
– *assasi*	Rotes Meer
– *rectangulus*	Indopazifik

Tetraodontidae Kugelfische

(Tetrodotoxin = ein tödliches Gift in den Gonaden, der Leber und im Blut)

Amblyrhynchotes honckenii	Indischer Ozean, Rotes Meer
Arothron diadematus	Rotes Meer
– *hispidus*	Rotes Meer, trop. Indopazifik
– *meleagris*	tropischer Indopazifik
– *nigropunctatus*	Indopazifik
– *reticularis*	tropischer Indopazifik
– *stellatus*	tropischer Indopazifik
Canthigaster amboinensis	Indopazifik
– *margaritatus*	Indopazifik
– *valentini*	Indopazifik

Name	Verbreitung
Sphoeroides hamiltoni	entlang der australischen Küste
– rubripes	an allen japanischen Inseln
– spengleri	westl. Atlantik, Bermudas, südl. Brasilien, Kanarische Inseln
Torquigener pleurogramma	an allen Küsten Australiens

Diodontidae Igelfische

(Gift in den Gonaden, der Leber und dem Blut, es gleicht dem Tetrodotoxin)

Chilomycterus schoepfi	tropischer Atlantik, Karibik
Diodon holacanthus	in fast allen tropischen Meeren
– hystrix	alle warmen Meere, soll sogar im Mittelmeer vorkommen
Lophodiodon calori	Indischer Ozean

Ostraciontidae Kofferfische

(Jahreszeitlich Fleisch und Geschlechtsprodukte giftig, enthalten wahrscheinlich Ciguatera-Toxin)

Lactophrys trigonus	westlicher Atlantik
Lactoria cornuta	Indopazifik
– diaphana	Indopazifik
Ostracion cubicus	Indopazifik
– meleagris	Indopazifik
– tuberculatus	Indopazifik
Rhynchostracion nasus	Indopazifik
– rhinorhynchus	Indopazifik
Tetrosomus gibbosus	tropischer Indopazifik

Molidae Mond- oder Sonnenfische

(Geschlechtsprodukte, Leber und Blut sind giftig)

Masturus lanceolatus	weltweit verbreitet
Mola mola	in fast allen tropischen und gemäßigten Meeren
Ranzania laevis	weltweit verbreitet

Batrachoididae Froschfische oder Meerkröten

(Kiemendorne und Rückenflossenstacheln sind giftig)

Halophryne diemensis	Indo-Australischer Archipel bis zum Persischen Golf
Opsanus tau	West-Atlantik zwischen Maine und Florida
Porichthys notatus	Pazifik
– porosissimus	amerikanische Atlantikküste
Sanopus splendidus	Karibische See
Thalassophryne maculosa	tropische Gewässer Mittel- und Südamerikas

Lophiidae Seeteufel

(Stiche mit Stacheln der Rückenflosse sind sehr schmerzhaft)

Lophius budegassa	europäische Meere
– piscatorius	europäische und afrikanische Küsten des Atlantiks

Hydrophiidae Seeschlangen

(Vergiftung durch Biß kann tödlich sein)

Hydrophis fasciatus	tropische Küstengebiete
– semperi	Taal-See auf der Philippinen-Insel Luzon
Microcephalophis gracilis	Indischer Ozean, Korallenriffe Australiens
Pelamis platurus	bewohnt die Hochsee, auch an der Westküste von Amerika zu finden

Zusammenfassung

Zum Schluß möchten wir kurz die Bisse und Stiche sowie deren Wirkung kurz zusammenfassen. Wir teilen diese Tiere in vier Gruppen ein: beißende Tiere; stechende und nesselnde Tiere, die ihrem Opfer ein mehr oder weniger starkes Gift einspritzen; gifthaltige Tiere, deren Verzehr Krankheit und den Tod bewirken können; elektrische Fische, die ihr Opfer mit mehr oder weniger starken Stromstößen lähmen oder töten.

Schon im Altertum waren die Stiche einiger Fische bekannt. Man verglich die Schmerzen solch einer Verletzung mit den Stichen von Skorpionen, denn die Folgen des Stiches konnte man sich nicht erklären. Erst Ende des 18. Jahrhunderts wurden genaue Untersuchungen angestellt, man fand aber keine Giftdrüsen und versuchte, die Schmerzen des Stiches mit der mechanischen Wirkung zu erklären. Erst später stellte man fest, daß auch chemische Ursachen eine Rolle spielten.

Aus Stacheln mit Rinnen, in denen die Giftdrüsen liegen, besteht meistens der Giftapparat. Dringt der Stachel in den Körper des Opfers ein, verschiebt sich die den Stachel bedeckende Haut und drückt auf die Giftdrüsen, deren Sekret dann sofort in die Wunde fließt. Sämtliche Stiche von Fischen sind sehr schmerzhaft, meist schwillt die Stichstelle an und wird nekrotisch, in schweren Fällen treten Störungen des Kreislaufes und der Atmung sowie ähnliche Krämpfe auf wie bei der Epilepsie. Da die Giftmenge meist sehr gering ist, sind Todesfälle recht selten. Es ist zum Teil noch wenig über die chemische Zusammensetzung der Giftstoffe bekannt, überwiegend dürfte es sich aber um proteinartige Substanzen handeln.

Bei Fischen, die uns als Nahrung dienen, über keinen Giftapparat verfügen und doch giftig sind, ist es nicht leicht zu beantworten, woher die Giftwirkung kommt. Viele Arten sind nur in einigen Gegenden, andere nur zu bestimmten Zeiten toxisch. Aber auch postmortale Veränderungen (nach dem Tode) können eine Vergiftung bewirken. Und so zeigt das Krankheitsbild immer deutliche Unterschiede, die wir hier kurz zusammenfassen wollen.

Die Gefährlichkeit der giftigen Meerestiere ist dem Menschen seit dem Beginn der Zivilisation bekannt. In ägyptischen Grabkammern (2700 v. Chr.) fand man Darstellungen giftiger Kugelfische. Auch in dem ältesten noch erhaltenen chinesischen Arzneibuch finden wir Hinweise über Kugelfischvergiftungen. Auch in der Bibel, im 5. Buch Moses, ist die Rede von giftigen Meerestieren.

In Japan treten jährlich viele Fälle von Fugu-Vergiftungen auf, die Sterblichkeit ist sehr hoch. Schon ungefähr 30 Minuten nach dem Genuß des Tieres treten schwere Lähmungserscheinungen auf. Es beginnt mit Gefühllosigkeit, die sich über den ganzen Körper ausbreitet, und einem allgemeinen Schwächegefühl. Der Tod tritt meist nach 6–8 Stunden durch Lähmung des Atemzentrums und der Atemmuskeln ein. Das Fugugift oder Tetrodotoxin ist wohl eines der stärksten tierischen Gifte. Auch in China gehören die Fugufische seit eh und je zu den besonders geschätzten Delikatessen. In der japanischen Literatur wird erstmalig vor etwa 400 Jahren über die Giftigkeit der Fugufische berichtet. Im Jahre 1884 wurde das Gift der Kugelfische von OSWA pharmakologisch untersucht. 1950 konnte es in Form farbloser prismatischer Kristalle isoliert werden. Erwähnenswert erscheint uns noch, daß das Gift in den Eiern des Kalifornischen Molches *Taricha torosa* Tarichatoxin mit dem Tetrodotoxin völlig identisch ist. Es ist verwunderlich, daß das gleiche Gift bei zwei völlig verschiedenen Tierklassen vorhanden ist.

Vergiftungen nach dem Genuß von Muränen führen zu Schwindelgefühl, starkem Erbrechen, heftigem Speichelfluß und Lähmungserscheinungen. Die Sterblichkeit liegt hier bei etwa 10%, also bedeutend niedriger als bei den Kugelfischen.

In nicht mehr ganz frischen Makrelen und faulenden Fischen konnte unter anderem Histamin nachgewiesen werden. Überhaupt ähneln Makrelenvergiftungen sehr stark Histaminvergiftungen. Die Symptome sind starke Kopfschmerzen, Hitzegefühl und ein heftiger Nesselausschlag.

Alle übrigen Vergiftungen durch Verzehr von Fischen rufen die mehr oder weniger gefährliche Ciguatera hervor mit den Symptomen: Erbrechen, Durchfall, heftige Bauchschmerzen, Fieber, Kopfschmerzen und in schweren Fällen Lähmungserscheinungen. Die Sterblichkeit liegt bei etwa 3%. Ciguatera-Fischvergiftungen treten nach dem Genuß von Fischen auf, die allgemein als Speisefische gelten und somit sehr häufig gegessen werden. Es ist noch nicht ganz geklärt, ob die Nahrung der Fische für Ciguatera verantwortlich ist. Es fällt auf, daß die gleiche Fischart in einigen Gegenden giftig ist, während sie ein paar hundert Kilometer entfernt ohne böse Folgen verzehrt werden kann. Es wird noch weiterer Forschungen bedürfen, den Grund dieser Fischvergiftung zu finden.

Unsere Betrachtungen können nicht umfassend sein. Wir hoffen aber, dem Sporttaucher, Strandsammler oder Aquarianer mit unseren Hinweisen geholfen zu haben, sich zurechtzufinden, denn die Reihe der gefährlichen und giftigen Tiere in den Meeren ist recht lang.

Sind viele Tiere am und im Wasser wirklich so gefährlich? Wir können Sie beruhigen. Ein Urlaub am Meer ist nicht gefährlicher als die tägliche Arbeit oder der Verkehr auf unseren Straßen. Es gibt allein in Europa viele Tausende von erfahrenen Tauchern und sicher die gleiche Anzahl von Schnorchlern und Anfängern auf diesem Gebiet, denen außer ein paar Rissen oder Schrammen, die sie sich an Felsen oder Korallenstöcken geholt haben, nie etwas Ernstes passiert ist. Sie sind weder gebissen noch von einem giftigen Tier des Meeres gestochen worden. Vielleich wußten sie nicht einmal, daß es im Meer viele giftige und gefährliche Tiere gibt. Aber darauf wollten wir mit unserem Buch hinweisen, denn Gefahren lauern überall, und bei allem, was wir tun, sollten wir nie leichtsinnig sein. Eine Gefahr, die man kennt, kann uns kaum mehr gefährden.

Außer den Stichen und Bissen giftiger Tiere gibt es natürlich auch andere Unfälle beim Tauchen. Auf Tiefenrausch, Lungenüberdruck usw. können wir aber in diesem Buch nicht eingehen. Eines kann nicht oft genug wiederholt werden: Tauche nie allein und vermeide Gewaltakte wie Aufstellung eines Tiefenrekords. Es kann böse Folgen haben.

Literaturverzeichnis

ARNDT, Prof. E. A.: Zwischen Düne und Meeresgrund. Urania Verlag, Leipzig, 1969.

ATTENBORGOUGH, D.: Das Leben auf unserer Erde. Paul Parey Verlag, Berlin, 1979.

AXELROD u. VORDERWINKLER: Salt Water Aquarium Fish. TFH-Publications, Neptune City, USA, 1965.

BEHM, H. W.: Der unbezähmbare Ozean. Safari Verlag, Berlin, 1956.

BERG, L. S.: System der rezenten und fossilen Fischartigen und Fische. Berlin, 1958.

BRAKER u. FISHER: Marine Tropicals. TFH-Publications, Neptune City, USA, 1968.

BRAUN/DÖNHARDT: Vergiftungsregister. G. Thieme Verlag, Stuttgart, 1975.

BREDER u. ROSEN: Modes of Reproduction in Fishes. TFH-Publications, Neptune City, USA, 1966.

BREHM: Das Tierreich nach Brehm. Jena, 1961.

BROWN, L.: East African Coast a. Reefs. East Africa Publishing House, Mombasa, Kenia, 1975.

CARSON, R.: Am Saum der Gezeiten. Biederstein Verlag, München, 1957.

CHLUPATY, P.: Doktor- und Kaiserfische. Kernen Verlag, Stuttgart, 1964.
– Schmetterlingsfische. Kernen Verlag, Stuttgart, 1964.
– Meine Erfahrungen mit Korallenfischen im Aquarium. Landbuch-Verlag, Hannover, 1980.

CONCHRANE, R.: Dangers of the Reef and Sea. Hongkong, 1968.

Dudenredaktion: Medizinische Fachausdrücke. Duden-Verlag, Stuttgart, 1968.

ENGEL, L.: Das Meer. Rowohlt-Verlag, Hamburg, 1975.

FEININGER, A.: Traumgebilde des Meeres. Econ Verlag, Wien, Österreich, 1972.

FREY, H.: Lexikon der Aquaristik. Neumann-Verlag, Radebeul, 1976.

FREYE, H. A.: Kompendium der Zoologie. Friedr. Vieweg + Sohn, Braunschweig, 1971.

FRICKE, H. W.: Korallenmeer. Rowohlt-Verlag, Hamburg, 1975.

FRIESE, E.: Sea anemones. TFH-Publications, Neptune City, USA, 1972.

FÜLLER, H.: Symbiose im Tierreich. A. Ziemsen Verlag, Wittenberg, 1958.

GRZIMEK, B.: Grzimeks Tierleben. Kindler Verlag, München, 1970.

HABERMEHL, G.: Gift-Tiere und ihre Waffen, Springer Verlag, Heidelberg, 1976 und 1977.

HASS, H.: Vorstoß in die Tiefe. Esso Verlag, München, 1972.
– Welt unter Wasser. Fritz Molden Verlag, München, 1973.

HEDIGER, H.: Kleine Tropen-Zoologie. Verlag f. Recht und Gesellschaft, Basel, Schweiz, 1958.

HENNIG, Prof. Dr. W.: Wirbellose. Harri Deutsch Verlag, Stuttgart, 1967.

HENTSCHEL/WAGNER: Tiernamen und zoologische Fachwörter. G. Fischer Verlag, Stuttgart, 1976.

ISHIWARA, Dr. F.: Studien über das Fugotoxin. Arch. exp. Path. Pharmak. Band 103. 1924.

IWAKAWA, Prof. Dr. K.: Experimentelle Untersuchungen über die Wirkung des Tetrodontoxins. Arch. exp. Pharmak., Band 93. 1922

KAISER, E.: Tier- und Pflanzengifte. Goldmann Verlag, München, 1973.

KAISER, E. und MICHEL, M.: Biochemie der tierischen Gifte. F. Deutiscke Verlag, Wien 1958

KLAUSEWITZ, W.: Handbuch der Meeresaquaristik, Band I und II. E. Pfriem Verlag, Wuppertal 1975 und 1978.

KLAUSEWITZ, W. und WILKENS, P.: Handbuch der Meeresaquaristik, Band III. E. Pfriem Verlag, Wuppertal, 1979.

KNAURS Tierreich in Farben, Band Fische. Droemersche Verlagsanst., München, 1961.
– Band Niedere Tiere. Droemersche Verlagsanst., München 1960.
– Band Reptilien. Droemersche Verlagsanst., München 1957.

KÜHN: Grundriß der allgemeinen Zoologie. G. Thieme Verlag, Stuttgart, 1967.

KUTSCHENREUTHER, H.: Das Reich der Drogen und Gifte. Ullstein-Verlag, Berlin, 1978.

LADIGES: Tropische Meeresfische. Kernen Verlag, Stuttgart, 1956.

LINDNER, Gert: Muscheln + Schnecken. BLV, München 1975.

LUTHER und FIEDLER: Unterwasserfauna der Mittelmeerküste. Paul Parey Verlag, Berlin, 1957.

LYTHGOE, J. u. G.: Meeresfische. BLV, München, 1974.

MAYLAND, H. J.: Korallenfische und Niedere Tiere. Landbuch-Verlag, Hannover, 1975.

MÜLLEGGER, S.: Das See-Aquarium. Kernen Verlag, Stuttgart, 1955.

MUUS/DAHLSTRÖM: Meeresfische in Farben. BLV, München, 1964.

NIKOLSKI, G. W.: Spezielle Fischkunde. Deutscher Verlag der Wissenschaften, Berlin, 1957.

OLIVER, P.: Der Kosmos-Muschelführer. Kosmos-Verlag, Stuttgart, 1975.

OMMANEY, F. D.: Die Fische. Rowohlt Verlag, Hamburg, 1976.

PAWLOWSKY, E. N.: Gifttiere und ihre Giftigkeit. G. Fischer-Verlag, Jena, 1927.

PROBST, K.: Meeresaquaristik, 3. Teil. Albrecht Philler Verlag, Minden, 1963.

RIEDL, R.: Fauna und Flora der Adria. Paul Parey Verlag, Berlin, 1963.

RÖMPP, H.: Chemie Lexikon von A–Z, Band I und II. Stuttgart, 1952.

SCHENK, G.: Das Buch der Gifte. Safari Verlag, Berlin, 1954.

SCHROLL, F.: Souvenirs aus dem Meer. Kosmos Verlag, Stuttgart, 1968.

SCHUMACHER, Helmut: Korallenriffe. BLV, München, 1976.

STERBA, G.: Aquarienkunde, Band II. Urania Verlag, Leipzig, 1963 und 1978.
– Lexikon der Aquaristik und Ichthyologie. Edition Leipzig, Leipzig, 1978.

STEUBEN und KREFFT: Die Haie der sieben Meere. Paul Parey Verlag, Berlin, 1978.

URANIA Tierreich: Wirbellose Tiere, Band I und II.
– Fische, Lurche, Kriechtiere. Urania Verlag, Leipzig, 1969.

VELIMIROVIC: Gifttierverletzungen und ihre Behandlung. Medizinische Mitteilungen Nr. 23. Schering, Berlin, 1962.

WALLS, J. G.: Starting with marine invertebrates. TFH-Publications, Neptune City, USA, 1974.

WERNER, F. Cl.: Wortelemente lateinisch-griechischer Fachausdrücke. Suhrkamp, Halle, 1972.

Fachzeitschriften:

Aquaria, Zehnder Verlag, St. Gallen, Schweiz.
Das Aquarium, Philler Verlag, Minden.
Aquarien Magazin, Kosmos Verlag, Stuttgart.
Die Brücke 37, Hoechst, Frankfurt.
Die Aquarien- und Terrarien-Zeitschrift, Kernen Verlag, Stuttgart.
National Geographic, USA.
Submarin, Heering Verlag, München.
Das Tier, Frankfurt.
Tropische Fische, TFH-Publications, USA.

Erklärung der Fremdwörter

Acipenserin	ein Protamin aus der Milch des Störes *Acipenser stellatus* gewonnen
Adrenalin	Hormon des Nebennierenmarks
Akonitinvergiftung	Vergiftungen mit dem sehr giftigen Alkaloid aus den Wurzeln des Eisenhutes
Alanin	in fast allen Eiweißen vorkommende Aminosäure
Alkaloid	giftige Stickstoffverbindung der Pflanzen
Allergiebereitschaft	krankhaft auf von körperfremden Stoffen ausgehende Reize reagieren, überempfindlich
Aminosäuren	wichtigste Bausteine der Eiweißkörper
Anämie	Verminderung der roten Blutkörperchen
Anaphylaxie	allergische Reaktion bei wiederholter Zufuhr von körperfremdem Eiweiß
Anaphylaktischer Schock	oft tödlich verlaufender Schock infolge Überempfindlichkeit gegenüber wiederholter Zufuhr desselben Eiweißkörpers
Antibiotika	Wirkstoff aus Stoffwechselprodukten von Organismen, der Wachstum hemmt oder abtötet (z. B. Penicillin)
Antihistamine	Stoffe, die die Wirkung des Histamins abschwächen oder aufheben
Antitoxin	Antikörper, deren Wirkung gegen bestimmte Toxine gerichtet ist
Antivenin	Antitoxine; Reaktionsprodukte des Körpers, die Proteine neutralisieren
Apathie	fehlende Ansprechbarkeit
applizieren	Medikamente verabreichen; dem Körper zuführen (subkutan) unter die Haut bzw. in das unter der Haut liegende Fettgewebe einspritzen
Biotop	Lebensraum
Blutwasser	klare Blutflüssigkeit, die sich bei Blutgerinnung abscheidet
Cardiotoxin	Herzgift
Ciguatera	tropische Fischvergiftungen
Clupein	aus dem Hering gewonnenes Protamin
Cniden	Nesselkapseln

Cnidocil	feiner Fortsatz der Nesselzellen in Form eines Härchens, das den Reiz von außen aufnimmt
Congostin	eiweißartiger Stoff aus den Tentakeln von Aktinien und Wurzelmundquallen. Richet beobachtete daran die Erscheinung der Anaphylaxie
Corticoide	Sammelbezeichnung für die Hormone der Nebennierenrinde
Curare	Extrakt aus den Rinden der bis zu 200 m langwerdenden am Orinoko heimischen Lianen *Strychnos toxifera* und *St. castelniaei*
Cuviersche Organ	Abwehrwaffe der Seegurke
Cyclopterin	aus Seehasen gewonnenes Protamin
Dermatitis	Hautentzündung
Diarrhoe	Durchfall
Dosis, letale	Grenzwert der gerade noch tödlichen Menge eines Giftes
Erythrozyten	rote Blutkörperchen
Extremitäten	Arme und Beine, Bezeichnung für Gliedmaßen
Fugogift	Gift der Kugel- und Igelfische, steht dem Curare nahe und lähmt das Zentralnervensystem
Frequenz	Anzahl der Herzschläge pro Minute
Gewebsnekrose	Absterben von Gewebe oder Gewebeteilen
Glutinanten	Nesselzellen sog. Klebkapseln
Gonaden	Geschlechtsdrüsen
Grammistin	unbekannter Giftstoff, der bei Gefahr von den Sechsstreifenbarschen ausgeschieden wird
Hämatom	Bluterguß
Hämolyse	Auflösung der roten Blutkörperchen
Hämotoxin	bakterielle oder chemische Blutgifte
Histamin	Gewebehormon
Holothurin	toxische Substanz der Seegurken
Hypervitaminose	Gesundheitsschädigung nach Aufnahme zu großer Vitaminmengen
Hypnotoxin	Auszug aus den Tentakeln der Portugiesischen Galeere
Ichthyologe	Wissenschaftler der Fischkunde
Intoxikation	schädigende Einwirkungen von Giftstoffen auf den Organismus

Intramuskuläre Injektion	in den Muskel spritzen
Intravenöse Injektion	unmittelbar in die Vene einspritzen
Kollaps	Zusammenbruch der Lebensfunktion infolge Kreislaufversagens
Kortikosteroid	Steroide mit der Wirkung der Nebennierenrindenhormone
Mortalität	Zahl der Todesfälle zur Zahl der Gesamtbevölkerung
Murexin	giftiges Sekret der Stachelschnecken
Myotoxin	Muskelgift
Mytilotoxin	ein wenig bekanntes Muschelgift von höchster Giftigkeit, das durch zentrale Atmungslähmung töten kann.
Nekrotisch	abgestorben, brandig
Neuralgie	Nervenschmerzen
Neurotoxisch	das Nervensystem schädigend
Ökologie	Lehre von den Beziehungen der Lebewesen zur Umwelt
Ostracitoxin	giftige Ausscheidung kranker oder sterbender Kofferfische
Palliativ	lindernde Behandlung im Gegensatz zur heilenden
Pedizellarien	Greiforgane der Stachelhäuter
pelagisch	im freien Meer lebend
postmortal	nach dem Tode
prophylaktisch	vorbeugend, verhütend
Protamine	Eiweißkörper
Radula	Reibzunge, mit Zähnchen besetzte Platte in der Mundhöhle einiger Weichtiere
Sepsis	Blutvergiftung
Tetrodotoxin	Gift der Kugel- und Igelfische
Tentakel	Fangfäden der Nesseltiere
Toxin	Giftstoffe von Mikrobien, Pflanzen oder Tieren
Toxizität	Giftigkeit
Toxische Dermatitis	durch Giftstoffe hervorgerufene Hautentzündung
Trepang	getrocknete und geräucherte Seegurken
Urtikaria	Nesselsucht, Hautausschlag mit juckenden Quaddeln
Volventen	Nesselzellen, die Beute umwickeln

Liste der Institute, die Antivenine herstellen

Gegen Schlangenbisse

Algerien	Institut Pasteur d'Algeria, Rue Docteur Laveran, Algiers.
Australien	Commonwealth Serum Laboratories, Parkville, Melbourne
Brasilien	Instituto Butantan, Caixa Postal 65, Sao Paulo, Instituto Pinheiros Productos Therapeuticos, Caixa Postal 951, Sao Paulo
Deutschland	Behringwerke AG, Postfach 167, 3550 Marburg/Lahn
Frankreich	Institut Pasteur, Service de Serotherapie, 36 Rue du Docteur Roux, Paris XV
Indien	Central Research Institute, Kasauli, R. l., Punjab; Haffkine Institute, Parel, Bombay 12
Indonesien	Perusahaan Negara Bio Farma, 9 Djalan Pasteur, Bandung
Iran	Institut d'Etat des Serums et Vaccins Razi, Boite Postale 656, Teheran
Israel	Rogoff Wellcome Res. Laboratory, Beilinson Hospital, P. O. B. 85, Petah Tikva
Italien	Instituto Sievoterapico et Vaccinogeno Toscana, Sclavõ S.p.A., Siena
Japan	Institute for Infectious Diseases, University of Tokyo, Shiba Shirokanedaimachi, Minato-Ku, Tokyo
Jugoslawien	Institute of Immunology, Serum Institute, Rockefellerova 2, Zagreb
Kolumbien	Instituto Nacional de Salud, Calle 57, Numero 8–35, Bogota
Mexiko	Laboratorios MYN, S.A., AV. Coyoacan 1707, Mexiko 12; Instituto Nacional de Higiene, Cxda. M. Excobedo No. 20, Mexico
Österreich	Serotherapeutisches Institut (STJW – Sero), Triesterstr. 50, A–1100 Wien

Schweiz	Schweizer Serum- & Impfinstitut (Berna), CH–3000 Bern
Südafrika	South African Institute for Medical Research, P. O. Box 1038, Johannesburg; Fitzsimmons Snake Laboratory, Durban
Taiwan	Taiwan Serum Vaccine Laboratory, 130 Fuh-lin Road, Shiling, Taipeh
Thailand	The Thai Red Cross (QSMJ), Queen Saovabha Memorial Institute, Bangkok
Tschechoslowakei	SEVAC-Serum- und Impfstoff-Institut, Vinohrady, Praha 10
Vereinigte Staaten	Wyeth Inc., Box 8299, Philadelphia 1, Pa.

Gegen Skorpiongift

Algerien	Institut Pasteur d'Algeria, Rue Docteur Laveran, Algiers
Brasilien	Instituto Butantan, Caixa Postal 65, Sao Paulo
Südafrika	South African Institute for Medical Research, P. O. Box 1038, Johannesburg

Gegen Spinnenbisse

Australien	Commonwealth Serum Laboratories, Parkville, Melbourne
Brasilien	Instituto Butantan, Caixa Postal 65, Sao Paulo
Südafrika	South African Institute for Medical Research, P. O. Box 1038, Johannesburg

Gegen Coelenteraten-Stiche

Australien	Commonwealth Serum Laboratories, Parkville, Melbourne

Gegen Weberfische oder Petermännchen

Jugoslawien	Medicinski Centar, Pula

Informationen über alle rasch verfügbaren Sera:

Deutsches Serum-Informations-Zentrum
Wilhelma-Zoo
D–7000 Stuttgart
Tel. (07 11) 54 14 18

Liste von Aquarien- und Freilandanlagen in Europa und in den USA

Belgien

Antwerpen: Sociètè Royale de Zoologie d'Anvers

Bulgarien

Varna: Aquarium de Varna

Dänemark

Charlottenlund: Danmarks Akavarium Kavalergaarden 1

Deutschland

Berlin-Ost: Tierpark Berlin (Berlin-Friedrichsfelde)
Berlin-West: Berliner Aquarium, Budapesterstraße 39
Bremen: Aquarium (Überseemuseum)
Bremerhaven: Tiergrotten und Nordsee-Aquarium
Buchenhof bei Erlangen: Freiland Schauaquarium
Dortmund: Tierpark Dortmund
Dresden: Zoologischer Garten
Duisburg: Duisburger Tierpark
Düsseldorf: Löbbecke Museum und Aquarium
Frankfurt: Zoologischer Garten
Frankfurt-Frechenheim: Freilandanlage „Argus"
Freilassing/Obb.: Tiergarten
Götzenkirchen (Horrem): Kleintierzoo Götzenkirchen
Hamburg: Carl Hagenbecks Tierpark
Hanau a. Main: Tümpelgarten
Hof/Saale: Freilandanlage des Aquarienvereins Hof/Saale
Ingolstadt: Freianlage Wasserstern
Juist (Nordseeinsel): Küstenmuseum „Juist"
Kaiserslautern: Freilandanlage „Quack"
Kassel: Städtisches Naturkundemuseum

Köln: Aquarium am Zoo
Köln-Sülz: Freianlage „Sülzer Zoo"
Leipzig: Zoologischer Garten Leipzig
Mainz-Kastel: Cyperus Tierpark
Mühlheim/Ruhr: Aquarium der Aquariumfreunde 07/48
München: Tierpark Hellabrunn
Münster: Westfälischer Zoologischer Garten
Neumünster: Heimtierpark
Neunkirchen/Saar: Tiergarten
Niederfischbach: Tierpark
Nürnberg: Freiland-Aquarien und Terrarien der Naturhistorischen Gesellschaft Nürnberg
Reisdorf bei Kiel: Reptilienzoo Villa Fernsicht
Stuttgart: Wilhelma, Zoologisch-Botanischer Garten
Stuttgart-Wangen: Anlage der Stuttgarter Zierfischfreunde
Ulm: Gesellschaft Neues Aquarium e. V.
Viersen: Aquarium Aquarienfreunde Viersen
Wuppertal: Zoologischer Garten

Frankreich

Arcachon: Musée Aquarium d'Arcachon
Banyuls-sur-mer: Aquarium du Laboratoire Arago
Biarritz: Musèe de la mer, Esplanade du Rocher de la Vierge
Dinard: Aquarium du Laboratoire Maritime de Dinard
Paris: Aquarium du Musée des Arts Africains et Océanieus
Ménagerie du Jardin des Plantes
Roscoff: Aquarium Charles Perez de la Station Biologique de Roscoff

Griechenland

Rhodos:
Aquarium, Hydrobiological Institute, Station of Rhodos

Großbritannien

Blackpool: Blackpool Aquarium u. Zoo, Blackpool Tower Co. Ltd.
Brighton: Aquarium Marine Parade and Madeira Drive, Brighton, Sussex
Bristol: Clifton and West of England Zoological Society, Clifton, Bristol

Chester: North of England Zoological Society, The Zoological Gardens, Upton-by-Chester, Chester
Chesterfield: Pan's Garden, Ashover, Near Chesterfield, Darbyshire
Colwynbay: Welsh Mountain Zoo, Colwyn Bay, North Wales
Dudley: The Dudley Zoological Society Ltd., Castele Hill
Edinburgh: The Royal Zoological Society of Scotland, Zoological Park and Carnegie Aquarium, Murrayfield, Edinburgh 12, Scotland
Exmouth: Exmouth Aquarium, Explande, Exmouth, Devon
London: The Zoological Society of London, The Zoological Gardens, Regent's Park, London
Manchester: Belle Vue Zoological Gardens, Manchester
Paignton: Paignton Seashore Aquarium, South Quay, Paignton Harbour, Paignton
Plymouth: Marine Biological Association of the United Kingdom, The Laboratory, Plymouth, Devon
Port Erin: Isle of Man Marine Biological Station, (University of Liverpool) Port Erin, Isle of Man
Torquay: Aqualand, Beacon Quay, Torquay, Devon

Italien

Camogli: Aquarium und Meeresbiologie in der Zitadelle am Hafen von Camogli/Genua
Neapel: Aquarium di Napoli, Stazione Zoologico, Villa Communale, Napoli
Rom: Giardino Zoologico e Museo di Zoologia, Commune di Roma, Viale Giardino
Turin: Giardino Zoologico della Citta di Torino, Corso Casale, Torino
Triest: Aquarium am Hafen und Meeresmuseum

Jugoslawien

Dubrovnik: Akvariy, Bioloski Institut, Dubrovnik
Piran: Akvarig, Piran
Roviny: Akvarig

Monaco

Musée Oceanographique de Monaco

Niederlande

Amsterdam: Artis-Aquarium
Bergen aan Zee: Zeeaquarium
Rotterdam: Stichting Koninkligke

Österreich

Wien: Haus des Meeres
Tiergarten Schönbrunn

Polen

Lodz: Miegski Ogrod Zoologiczny W. Lodzi
Warschau: Miegski Ogrod Zoologiczny W. Warszawie

Portugal

Foz do Douro: Estacao de Zoologia Maritima „Dr. Augusto Nobre"
Funchal (Madeira): Aquario Municipal do Funchal
Lissabon: Aquario Vasco da Gama, Lisboa
Jardim Zoologico e de Aclimacao em Portugal

Rumänien

Konstanza: Prof. I. Borcea, Aquarium

Schweden

Göteborg: Sjöfartsmusseets Akvarium
Malmö: Malmö Akvarium, Malmö Museeum
Stockholm: Nordiska Musset and Skansen

Schweiz

Basel: Zoologischer Garten
Bern: Tierpark Dählhölzli, Aquarium
Zürich: Zoologischer Garten

Sowjetunion

Kiew: Kievski Zoopark
Riga: Riga Zoologichoski Sad

Spanien

Barcelona: Parque Zoologico de Barcelona
Madrid: Aquarium Madrid

Tschechoslowakei

Boynice: Zoologicka Zahrada Boynice
Brünn: Zoologicka Zahradamesta Brün
Lesna: Zoopark Lesna u. Gottwaldova
Ostrava: Zoologicke zahrada Ostrava-Stromovka
Prag: Zoologicka zahrada v. Praze

Türkei

Ankara: Ankara Zoo, Atatürk Orman Ciflligi Müdürlügü
Izmir: Izmir Zoo, Kültürpark

Ungarn

Budapest: Budapest Fovaros Allat-Es, Növenykertye

USA

La Jolla, California: T. Wayland Vaugham Aquarium-Museum, Scripps Institution of Oceanography, University of California
Marineland, California: Marineland of the Pacific, Oceanarium Inc.
San Francisco, California: Steinhart Aquarium, California Academy of Sciences
Miami, Florida: Miami Seeaquarium
St. Augustine, Florida: Marine Studios, Marineland
Chicago, Illinois: John G. Shedd Aquarium
New York: New York Aquarium, New York Zoological Society
Dallas, Texas: Dallas Aquarium

Verzeichnis der wissenschaftlichen Tiernamen

A

D

E

F

G

H

V

X

Z

Verzeichnis der deutschen und Trivialnamen

Bilderverzeichnis

Inhaltsverzeichnis